AF589403

Aritmética pitagórica y el triángulo de Pascal

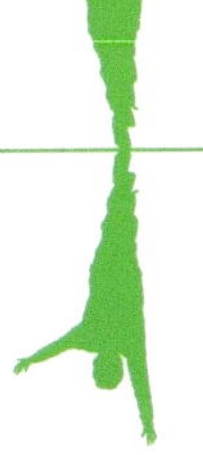

Una iniciación al pensamiento recursivo

COLECCIÓN EDUCACIÓN UC

EDICIONES UNIVERSIDAD CATÓLICA DE CHILE
Vicerrectoría de Comunicaciones
Av. Libertador Bernardo O'Higgins 390, Santiago, Chile

editorialedicionesuc@uc.cl
www.ediciones.uc.cl

ARITMÉTICA PITAGÓRICA Y EL TRIÁNGULO DE PASCAL
Una iniciación al pensamiento recursivo
Ernesto San Martín

Octubre 2018
ISBN N° 978-956-14-2333-6

Corrección de estilo: Tiarella Moreira Muñoz
Diseño: Francisca Galilea

CIP-Pontificia Universidad Católica de Chile
San Martín G., Ernesto, autor.
Aritmética pitagórica y el triángulo de Pascal: una iniciación al pensamiento recursivo / Ernesto San Martín.
Incluye bibliografía.
1. Aritmética – Enseñanza.
2. Matemáticas – Enseñanza.
3. Triángulo de Pascal.
I. t.
2018 513.07 + dc 23 RDA

Aritmética pitagórica y el triángulo de Pascal

Una iniciación al pensamiento recursivo

ERNESTO SAN MARTÍN

EDICIONES UC

Platón escribe en el *Epinomis* que entre todas las artes liberales y las ciencias teoréticas, la más importante y divina es la ciencia de los números: y preguntándose por qué el hombre es el animal más sabio, respondía: "porque sabe contar".

PICO DELLA MIRANDOLA, *Discurso sobre la dignidad del hombre.*

A MIS HIJOS DANIEL Y GABRIELA, QUE SABEN CONTAR.

Presentación

La Colección Educación UC es una contribución de la Facultad de Educación de la Pontificia Universidad Católica de Chile y Ediciones UC a la labor cotidiana de los profesores en ejercicio, que nace del convencimiento sobre la necesidad de contar con textos que orienten el trabajo práctico de los educadores en terreno. Cada uno de estos títulos es fruto de investigación interdisciplinaria actualizada y de la puesta en práctica de las propuestas concretas que ellos ofrecen.

Este libro surgió motivado por una pregunta pedagógica específica del autor: ¿qué podemos enseñar cuando enseñamos Matemáticas? En lugar de responder recurriendo a habilidades transversales, disciplinares o a contenidos específicos, él nos invita a enseñar un concepto matemático determinado, el de *pensamiento recursivo*. La forma que el autor ha escogido para introducir a los lectores -profesores y estudiantes- en este pensamiento es invitándolos a recorrer algunos de los principales hitos que históricamente han logrado los matemáticos. De ahí que este libro comienza con la actividad que llamamos *contar*, mostrando cómo el pensamiento recursivo se construye de manera tan concreta que es posible verlo en esta actividad. El recorrido continúa por la aritmética pitagórica tal y como ha sido transmitida por Boecio en sus *Instituciones Aritméticas* publicadas en el siglo V d. C., profundizando en los números figurados: su construcción recursiva y las propiedades aritméticas que satisfacen. Finalmente, el otro hito que el autor ha escogido para enseñar a aprender a pensar recursivamente es el *Triángulo de Pasca*l; se ofrece la primera traducción al español de este texto y un comentario matemático detallado que enfatiza sus conexiones con los números figurados. Este paso por el triángulo de Pascal está precedido por una discusión acerca de lo que él entendía por *espíritu de la geometría.*

A través de esta colección, la UC realiza un nuevo aporte a la comunidad escolar, como parte de su compromiso público con la educación del país, que esperamos los docentes puedan aprovechar para potenciar estas temáticas y sus prácticas pedagógicas en las salas de clases.

Lorena Medina Morales, decana Facultad de Educación UC.

Prefacio

Aprender Matemática. Esto es lo que queremos provocar con este pequeño libro. Dos ideas claves lo atraviesan. La primera es que el desarrollo de la Matemática debe estar basado en el procedimiento más simple que todo niño y niña aprenden: *contar.* La Matemática es una secuencia de afirmaciones. Se parte de un símbolo básico, por ejemplo $|$, que representa el numeral *uno.* Se continúa concatenando barras para así obtener los siguientes numerales: *dos, tres,* ... Es un procedimiento que nunca termina. Muchas de las proposiciones matemáticas se construyen sobre esta base. Esto es lo que se llama *intuicionismo matemático.*

La segunda idea básica que atraviesa este libro es que los primeros aprendizajes que debemos transmitir a nuestros estudiantes tienen que estar relacionados con los primeros aprendizajes que históricamente se desarrollaron en esta área. Es por eso que en este texto iremos aprendiendo, paso a paso, parte de la antigua aritmética pitagórica, cuyos desarrollos datan al menos del siglo V a. C. Luego haremos un salto y volcaremos nuestra mirada al año 1654, cuando Blaise Pascal publicó su *Triangulus Arithmeticus.* Veremos cómo parte de la aritmética pitagórica está contenida en el triángulo aritmético de Pascal. La idea será reescribir ciertos enunciados pitagóricos en términos del triángulo aritmético. Será importante adquirir y, como el mismo Pascal decía, *ejercitar* esta habilidad de reescribir para así poder deducir nuevas relaciones entre nuevos tipos de números, siempre a partir del triángulo aritmético.

Aprender Matemática. Si escucháramos esta expresión en griego, sonaría redundante. En efecto, hay una antigua definición de *Matemática* transmitida por Anatolio, obispo de Laodicea por el 280 d. C., que dice así:

> *Los peripatéticos dicen que la retórica y la poesía, así como la totalidad de la música, pueden entenderse sin instrucción (μαθόντα) alguna; pero nadie puede adquirir los conocimientos de los temas llamados con el nombre especial de Matemática (μαθήματα) si primero no ha*

seguido un curso de instrucción ($\mu\alpha\theta\acute{\eta}\sigma\epsilon\iota$) *en ellos. Es por esta razón que el estudio de estos temas se llama Matemática* ($\mu\alpha\theta\eta\mu\alpha\tau\iota\kappa\acute{\eta}\nu$). *Se dice que los pitagóricos dieron este nombre especial de Matemática* ($\mu\alpha\theta\eta\mu\alpha\tau\iota\kappa\acute{\eta}\varsigma$) *solo a la aritmética y a la geometría; previamente, cada una era llamada por su propio nombre, y no había un nombre común para ambas*[1].

Hemos insertado cinco palabras griegas en esta cita de Anatolio:

- $\mu\alpha\theta\acute{o}\nu\tau\alpha$, que debe pronunciarse *mazónta*;
- $\mu\alpha\theta\acute{\eta}\mu\alpha\tau\alpha$, que debe pronunciarse *mazémata*;
- $\mu\alpha\theta\acute{\eta}\sigma\epsilon\iota$, que debe pronunciarse *mazései*;
- $\mu\alpha\theta\eta\mu\alpha\tau\iota\kappa\acute{\eta}\nu$, que debe pronunciarse *mazematikén*;
- y, finalmente, $\mu\alpha\theta\eta\mu\alpha\tau\iota\kappa\acute{\eta}\varsigma$, que debe pronunciarse *mazematikés.*

Las palabras griegas $\mu\alpha\theta\acute{o}\nu\tau\alpha$ y $\mu\alpha\theta\acute{\eta}\sigma\epsilon\iota$ derivan del verbo $\mu\alpha\theta\epsilon\tilde{\iota}\nu$ –léase *mazéin*–, que significa *aprender.* La palabra $\mu\alpha\theta\acute{\eta}\mu\alpha$, que corresponde a la primera aparición del término Matemática en la cita anterior, deriva del verbo $\mu\alpha\theta\epsilon\tilde{\iota}\nu$, *aprender.* Literalmente significa: *lo que es aprendido.* Anatolio dice que estas relaciones explican el origen de la palabra $\mu\alpha\theta\eta\mu\alpha\tau\iota\kappa\acute{\eta}$, que se pronuncia como nuestra palabra española Matemática.

Aprender Matemática es, por tanto, *aprender a aprender.* Esta es la invitación, que solo requiere trabajo, pero uno constante y entusiasta.

Quiero finalizar estas palabras contando brevemente los diferentes orígenes que componen este libro. Partí traduciendo el *Triangulus Arithmeticus* de Pascal en el 2005, apoyado por un proyecto Fondedoc de la Pontificia Universidad Católica de Chile. Mi acercamiento a la aritmética pitagórica se vio motivado por el trabajo que pude desarrollar en el contexto de Penta UC, cuando, gracias al financiamiento del proyecto Fondef DO5I10398, generamos una serie de actividades de aritmética destinadas a niños y niñas de los primeros años de Enseñanza Básica que estaban motivados con la Matemática. Esto lo hicimos hacia el 2007, y luego probamos varias de estas actividades y razonamientos recursivos con estudiantes de Enseñanza Media en varios de los cursos de Penta UC, que pude dictar hasta el año 2013. Este libro intenta consolidar todo ese material, que entusiasmó a muchos estudiantes y que tiene la ambición de entusiasmar a tantos más que se acerquen al mismo.

[1]Tomado de Thomas (2002), p. 3. La traducción al español ha sido realizada por mí.

Índice

Z	1	2	3	4	5	6	7	L. 8	9	10
1	G 1	σ 1	π 1	λ 1	μ 1	δ 1	ζ 1	1	1	1
2	φ 1	ψ 2	θ 3	R 4	S 5	N 6	7	8	9	
3	A 1	B 3	C 6	ω 10	ξ 15	21	28	36		
4	D 1	E 4	F 10	ρ 20	Y 35	56	84			
5	H 1	M 5	K 15	35	70	126				
6	P 1	Q 6	21	56	126					
7	V 1	7	28	84						
T 8	1	8	36							
9	1	9								
10	1									

Rangs paralleles

Triangle Arithmetique

Rangs perpendiculaires

PARTE I

Antes del método están los contenidos: aspectos fundantes

CAPÍTULO 1. LA SECUENCIA DE NÚMEROS NATURALES

En los números naturales se plantea, en su forma más sencilla, el problema del conocimiento.

HERMANN WEYL (1885-1955).

1.1. En el principio están los números naturales

Aprender Matemática, aprender a aprender. Esta invitación la concretaremos en torno al aprendizaje de un concepto matemático fundamental, la *recursividad.* ¿Por qué escogemos un concepto en lugar de una serie de temas matemáticos presentes, por ejemplo, en un currículum de Matemática?

Comencemos distinguiendo entre *metodología de enseñanza/aprendizaje* y *organización de los contenidos que serán enseñados.* Parece haber variados esfuerzos por mejorar o innovar en los aspectos metodológicos de la enseñanza de la Matemática. Pero también pareciera que estos intentos no se cuestionan el fundamento filosófico subyacente a los contenidos matemáticos mismos. Solo un ejemplo, que sin duda conoces: ¿sabes por qué los alumnos, desde sus primeros acercamientos con la Matemática, aprenden a relacionar grupos de objetos por medio de flechas? Técnicamente, están haciendo biyecciones (relaciones uno a uno). Pues bien, lo hacen porque, explícita o implícitamente, los contenidos matemáticos se organizan siguiendo la escuela formalista-estructuralista de Matemática, la cual se ha desarrollado fuertemente durante el siglo XX, y uno de sus objetivos es estudiar las propiedades del continuo y de los números transfinitos. Nunca, durante su escolaridad, los alumnos se enfrentarán a estos conceptos, aunque sí aprenderán ciertos rudimentos matemáticos que están basados en dichos conceptos.

En este libro quisimos comenzar preguntándonos por la *organización* de los contenidos matemáticos. Para ello adoptamos la llamada postura intuicionista/constructivista, a saber, que la Matemática se basa en la actividad que denominamos *contar*.

La primera consecuencia de esta opción es entender que la Matemática es todo lo que se ha desarrollado hasta el día de hoy. La Matemática tiene, por tanto, una relación con la historia de la humanidad. La segunda consecuencia se conecta con el proceder matemático propiamente tal: la Matemática consiste en una secuencia finita de argumentos, comenzando en un punto inicial, para luego ir deduciendo, según unas determinadas reglas, proposiciones válidas.

La enseñanza de la Matemática es, por lo tanto, *secuencial* no solo en la concatenación de los contenidos, sino también en la organización, aprendizaje y enseñanza de los mismos. *Enseñar Matemática* significa

(i) enseñar a identificar y fijar reglas por medio de las cuales *construimos* objetos matemáticos, y

(ii) caracterizar las propiedades que satisfacen las secuencias de dichos objetos.

Les proponemos vivenciar esta experiencia con la aritmética por medio de dos desarrollos históricos precisos:

La *aritmética pitagórica*, desarrollada hacia el siglo V a. C.

El *triángulo aritmético* de Pascal, publicado en 1654.

Estos dos grandes temas tienen ciertas intersecciones con el currículum nacional de Matemática, pero no están motivados por el mismo. Al contrario, el concepto de *recursividad* se desarrolló en el contexto de estos temas. Pero antes de comenzar con los contenidos, queremos introducir algunos elementos básicos del intuicionismo o constructivismo matemático, que notarás, subyacen a los contenidos en cuestión.

En este capítulo proporcionaremos el principio general que subyace a las ideas expuestas en este libro, a saber, *la actividad que denominamos contar*, enfatizando tres consecuencias pedagógicas que surgen de dicho principio: la primera consecuencia, *normatividad*, enfatiza el hecho de que la aritmética se sustenta en leyes que deben ser seguidas; la segunda consecuencia, *principio de inducción*, enfatiza el modo de razonamiento que permite establecer la validez de proposiciones aritméticas, y la tercera consecuencia, *eticidad*, muestra que al enseñar aritmética enseñamos ética, pues enseñamos a actuar bajo normas.

1.2. ¿Qué subyace a la construcción de los números naturales?

Desde hace unos 10.000 años, la humanidad ha introducido y desarrollado la aritmética *contando*. *Contar* significa crear una secuencia de símbolos llamados *numerales*. Cada uno de nosotros utiliza los numerales en el muy bien conocido procedimiento que llamamos *contar objetos*. La secuencia *más simple* de objetos puede construirse usando un único símbolo, digamos |. Así, el procedimiento de contar corresponde a la siguiente secuencia:

$$|,\quad ||,\quad |||\ldots \qquad \text{(uno, uno-uno, uno-uno-uno...)}. \tag{1.1}$$

La introducción de estos numerales es independiente de la existencia de las palabras utilizadas para designarlos en la propia lengua materna. De hecho, si fuésemos a un país donde se hable, por ejemplo, holandés o francés, no entenderíamos las palabras holandesas o francesas para referirnos a la secuencia (1.1). Sin embargo, tanto los que hablamos español, como los que hablan holandés y los que hablan francés, comprenderían que la secuencia (1.1) es una representación del procedimiento que llamamos contar[2]. Tampoco el uso de esta secuencia de barras | necesita ser considerado como una extensión de la propia lengua. Lo que sí es seguro es que se trata de *un nuevo uso de símbolos*.

El procedimiento de contar *es diferente* de la mera introducción de numerales individuales, como por ejemplo ||| o |||||. Reconocer la diferencia

[2] En holandés, la secuencia (1.1) se diría *een, een-een, een-een-een...*, mientras que en francés se diría *un, un-un, un-un-un...*

es fundamental para entender cómo el procedimiento de conteo es la base de la Matemática en el sentido que ella se construye a través de una *concatenación normada de determinados objetos.*

El uso de los numerales-barras para contar constituye una *actividad razonable.* ¿Qué queremos decir con esto? Que se trata de una *construcción* que comienza con un numeral-signo, por ejemplo |, y que luego procede de acuerdo con una *regla* que establece que a cada cadena de símbolos se le debe concatenar una barra adicional. De forma más específica, la secuencia de numerales (1.1) se obtiene aplicando las siguientes reglas:

(a) Comenzamos por |.

(b) Si hemos llegado a la cadena de símbolos que denotamos por n, entonces obtenemos la secuencia de símbolos $n\,|$.

Estas reglas podemos incluso representarlas simbólicamente como sigue:

$$\begin{array}{rcl} & \Rightarrow & | \\ n & \Rightarrow & n\,| \end{array} \tag{1.2}$$

donde n es una variable para cadenas de símbolos construidos por medio de estas reglas, y $\Rightarrow$ significa la actividad que hay que realizar[3].

La construcción de los cinco primeros numerales-barra se realiza aplicando estas reglas de la siguiente manera:

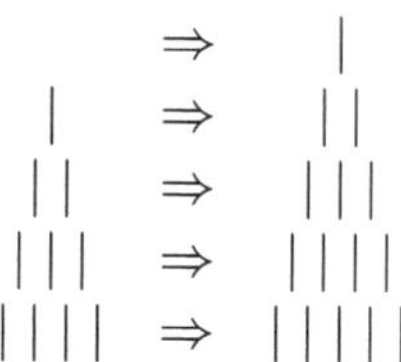

$$\begin{array}{rcl} & \Rightarrow & | \\ | & \Rightarrow & |\,| \\ |\,| & \Rightarrow & |\,|\,| \\ |\,|\,| & \Rightarrow & |\,|\,|\,| \\ |\,|\,|\,| & \Rightarrow & |\,|\,|\,|\,| \end{array}$$

[3] Esta manera de explicar la secuencia de numerales se debe a Paul Lorenzen (1915-1994), un destacado filósofo y matemático alemán, cuyas investigaciones se centraron en los fundamentos de la Matemática y la teoría de la demostración: es uno de los creadores de la Matemática constructivista y de la lógica dialogal.

Los numerales son, por tanto, *figuras* que se construyen de acuerdo con la regla (1.2). A partir de esta regla de construcción es que las siguientes *afirmaciones* son *verdaderas* o *válidas*:

$$\begin{array}{l} | \text{ es un numeral.} \\ \text{Si } n \text{ es un numeral, entonces } n \mid \text{ es un numeral.} \end{array} \tag{1.3}$$

Es importante enfatizar la diferencia entre una *regla* y una *afirmación* o *proposición*:

- una regla no es ni verdadera ni falsa, solo *normativa*,
- una afirmación o proposición aritmética es verdadera cuando es construida utilizando la regla prefijada.

Evidentemente, en la práctica no es posible producir una cantidad arbitraria de signos siguiendo esta regla (por ejemplo, representar una secuencia que contenga cien mil millones de barras), pero esto solo se debe a que nuestras vidas son muy cortas, o que el papel que necesitamos para dicha representación es insuficiente, o algún impedimento similar. Es por ello que hoy utilizamos las figuras $1, 2, 3, \ldots$ para representar las cadenas $|$, $||$, $|||$, $\ldots$, respectivamente. Estos signos son llamados *números naturales*. Gracias a las proposiciones (1.3) podemos afirmar lo siguiente sobre los números naturales:

$$\begin{array}{l} | \text{ es un número natural.} \\ \text{Si } n \text{ es un número natural, entonces } n \mid \text{ es un número natural.} \end{array} \tag{1.4}$$

Estas proposiciones las continuamos escribiendo utilizando el símbolo $|$ porque los signos $1, 2, 3 \ldots$ no son esenciales para entender dos aspectos fundamentales subyacentes a la regla (1.2):

1. La regla (1.2) proporciona una definición constructiva de los números naturales, lo cual evita, por una parte, concebirlos como objetos aislados con especificaciones conceptuales determinadas y, por otra parte, muestra que dichos números se basan en un procedimiento que tiene relaciones explícitas con una actividad concreta.

2. Con la regla (1.2), cualquier cantidad de signos concatenados es teóricamente posible. En otras palabras, podemos afirmar que de acuerdo

con esta regla, una cantidad *infinita* de números es posibles. Toda persona tiene esta intuición básica y, por lo general, la expresa diciendo que *todo número natural tiene un sucesor, que sigue siendo un número natural.* Esto último significa que el sucesor de un determinado número natural puede a su vez tener un sucesor pues, de acuerdo con la proposición (1.4), sigue siendo un número natural.

Las palabras del matemático constructivista holandés L. E. J. Brouwer (1881-1966) nos servirán para resumir las consideraciones hechas hasta ahora:

> *"Uno, dos, tres...", conocemos de memoria la secuencia de estos sonidos como una fila sin fin, es decir, que continúa por siempre de acuerdo a una ley que se sabe es fija.*
>
> *Al lado de esta secuencia de sonidos-imágenes poseemos otra secuencia que procede de acuerdo a una ley fija, por ejemplo, la secuencia de los signos escritos 1, 2, 3...*
>
> *Estas cosas son intuitivamente claras.*

Esta afirmación está sustentada en la intuición básica de *un movimiento en el tiempo* que, gracias a la memoria, nos permite acceder a la *dualidad*:

> *Este neointuicionismo considera la disociación de los instantes vividos en partes cualitativamente distintas, que no se reúnen sino estando separados por el tiempo, como el fenómeno fundamental del intelecto humano, que, por abstracción de su contenido emocional, constituye el fenómeno fundamental del pensamiento matemático, a saber, la intuición de la dualidad pura.*

La experiencia personal de los instantes vividos, que se pueden distinguir gracias al tiempo, es lo que nos permite acceder a la dualidad. La expresión poética de Neruda nos muestra cómo el número, y más fundamentalmente la actividad de contar, nace con la dualidad:

> *Una mano hizo el número.*
> *Juntó una piedrecita*
> *con otra, un trueno*
> *con un trueno,*
> *un águila caída*
> *con otra águila,*
> *una flecha con otra*

y en la paciencia del granito
una mano
hizo dos incisiones, dos heridas,
dos surcos: nació
el número.

Creció el número dos y luego
el cuatro:
fueron saliendo todos
de una mano:
el cinco, el seis,
el siete,
el ocho, nueve, el cero,
como huevos perpetuos
de un ave
dura
como la piedra,
que puso tantos números
sin gastarse, y adentro
del número otro número
y otro adentro del otro,
prolíferos, fecundos,
amargos, antagónicos,
numerando,
creciendo
en las montañas, en los intestinos,
en los jardines, en los subterráneos,
cayendo de los libros,
volando sobre Kansas y Morelia,
cubriéndonos, cegándonos, matándonos
desde las mesas, desde los bolsillos,
los números, los números,
los números.

Terminemos esta sección citando unas palabras atribuidas al matemático alemán Leopold Kronecker (1823-1891), que reflejan las ideas expuestas hasta aquí, a saber, que la Matemática como actividad razonable se desarrolla a partir de los números naturales:

> *Los números naturales los ha hecho el buen Dios, todo lo demás es obra de los hombres.*

Aprender aritmética es aprender a construir proposiciones aritméticas válidas a partir de normas que permiten realizar un paralelo perfecto con la secuencia de los números naturales.

1.3. Consecuencias sobre la enseñanza de la Matemática

Las consideraciones anteriores tienen por objeto fijar un marco general de la enseñanza de la aritmética. Este marco lo podemos describir por medio de al menos tres consecuencias: *normatividad*, *principio de inducción* y *eticidad*. Hay que apropiarse de estas consecuencias, pues las encontrarás repetidas veces en las partes II y III de este libro.

NORMATIVIDAD, PRIMERA CONSECUENCIA: el procedimiento de contar es conocido por todos, especialmente por tus alumnos. Lo importante es que dicha actividad, aunque básica, es una actividad matemática *normada por unas reglas que es necesario hacer explícitas*. Esto significa que los objetos matemáticos que se tienen a disposición *resultan de un procedimiento constructivo normado por reglas determinadas*. Así, podemos distinguir al menos tres niveles de aprendizaje matemático:

(a) Representar el procedimiento de contar por medio de signos materiales o no-materiales, como por ejemplo, la secuencia (1.1).

(b) Hacer explícita la regla subyacente a dicha representación de manera que todas las secuencias de signos puedan construirse a partir de ella. El desafío además es representarla en forma simbólica, como se ha ilustrado con la regla (1.2).

(c) Formular la pregunta acerca de qué objetos matemáticos pueden construirse si se cambian las reglas. Dicho de otra manera, se trata en primer lugar de hacer notar que la regla o norma es arbitraria y, por tanto, que puede sustituirse por otra; en segundo lugar, se trata de inculcar la curiosidad por conocer qué *propiedades* cumplirían los nuevos objetos construidos con las nuevas reglas.

Cuando estudiemos la aritmética pitagórica, o el triángulo aritmético de Pascal, estas consideraciones aparecerán una y otra vez, constituyéndose así en el *entramado conceptual* sobre el cual se irán construyendo los contenidos. Esto cambiará el enfoque de la enseñanza de la aritmética: ya no se trata de resolver eficientemente problemas aritméticos "concretos", como por ejemplo, ir a la feria y sumar el total de la cuenta o restar para comprobar si el vuelto que he recibido es el correcto. Se trata más bien de una actividad razonable (tal y como la definimos en la sección 1.1) que consiste en construir secuencias de objetos matemáticos en base a una regla normativa, para subsecuentemente estudiar las propiedades que los elementos de dicha secuencia satisfacen. Creemos que así les enseñaremos a nuestros estudiantes algo que va más allá del llamado "uso concreto" de la Matemática: les enseñaremos *cómo se construye la Matemática* recorriendo caminos constructivos[4].

Principio de Inducción, segunda consecuencia: la regla (1.2) es aplicable a cualquier concatenación de símbolos n. Ella *hace posible* la construcción de $n \mid$ si n ha sido construido de acuerdo a esa misma regla. Por lo tanto, el procedimiento constructivo basado en la regla (1.2) permite *potencialmente* obtener cualquier número natural: esta *infinitud potencial* es el contenido de dicha regla. Sin embargo, aseverar que una cantidad infinita de números naturales realmente existe, que ellos pueden ser construidos siguiendo esta regla, es una afirmación falsa. Aristóteles lo ha expresado muy bien en el tercer libro de su *Física*:

> *En general, el infinito existe sólo en el sentido de que siempre tomamos uno, y luego otro; que los objetos que son tomados siempre son finitos, pero en cada caso se trata de un objeto diferente.*

Es lo que poéticamente ya nos ha transmitido Neruda. La potencialidad subyacente a la regla (1.2) permite entender en qué consisten los razonamientos matemáticos que utilizan proposiciones que a su vez dependen de los números naturales que han sido generados por medio de dicha regla. Se trata de una *escalera* que llamamos *recursividad.* Este es uno de los conceptos fundamentales que poco a poco irás aprendiendo, no solo mientras entiendes el procedimiento de contar, sino también cuando aprendes aritmética pitagórica y el triángulo aritmético de Pascal.

Pero detengámonos un momento a discutir este aspecto relacionado con la recursividad. Denotemos por $A(n)$ la siguiente proposición:

---

[4] Ya hemos usado un par de veces el término *constructivo*. Es probable que lo hayas escuchado en contextos educacionales. El término lo utilizamos en el sentido de los matemáticos intuicionistas o constructivistas, como Lorenzen o Brouwer, y no en el sentido del constructivismo piagetano o neopiagetano. Ciertamente esto plantea una pregunta: ¿cómo relacionar o diferenciar el constructivismo matemático del piagetano o neopiagetano? No podemos contestar a esta pregunta en el contexto de este libro.

$$A(n) \doteq \text{la suma de los primeros } n \text{ números naturales es igual a } \tfrac{n(n+1)}{2}; \tag{1.5}$$

aquí usamos el símbolo $\doteq$ para decir que lo que está a su izquierda se define con lo que está a su derecha. Esta proposición depende del número natural n, por lo que hay tantas de estas proposiciones como números naturales:

1. $A(1) \doteq 1 = 1$.
2. $A(2) \doteq$ la suma de los 2 primeros números naturales es igual a $\frac{2\times 3}{2}$.
3. $A(3) \doteq$ la suma de los 3 primeros números naturales es igual a $\frac{3\times 4}{2}$.
4. $A(4) \doteq$ la suma de los 4 primeros números naturales es igual a $\frac{4\times 5}{2}$.
5. $A(5) \doteq$ la suma de los 5 primeros números naturales es igual a $\frac{5\times 6}{2}$.
6. Y así *ad infinitum* (hasta el infinito).

Ahora bien, es posible verificar que las proposiciones $A(1)$, $A(2)$, $A(3)$, $A(4)$, $A(5)$ son verdaderas. De hecho, es posible hacerlo hasta $A(100)\ldots$ tal vez hasta $A(1000)$. Pero, ¿cómo asegurar que la proposición $A(n)$ es verdadera *para cualquier número natural* n? Esta pregunta significa lo siguiente:

1. Tú llegas a la sala de clases con la proposición $A(n)$.
2. Uno de tus alumnos escoge un número natural n, por ejemplo $n = 27$.
3. Tú demuestras que $A(27)$ se satisface, es decir, que la suma de los primeros 27 números naturales es igual a 378.
4. Ambos han obtenido una proposición verdadera o válida, a saber, $A(27)$.

Lo importante de este diálogo es cómo demostrar la veracidad de $A(27)$. Estamos preguntando *qué es lo que significa una demostración matemática.* Nuestro objetivo es que elaboremos una demostración que nos permita afirmar que $A(n)$ es verdadero para *cualquier número natural* n *que alguien nos proponga.* La idea clave de la construcción de los números naturales es la *recursividad* subyacente a la regla (1.2), tal y como se ejemplifica en la figura 1.1. Pues bien, las proposiciones aritméticas que dependen de los

Etapa 1: comenzamos por |.

Etapa 2: a partir de |, obtenido en la etapa 1, construimos ||.

Etapa 3: a partir de ||, obtenido en la etapa 2, construimos |||.

Etapa 4: a partir de |||, obtenido en la etapa 3, construimos ||||.

Etapa 5: a partir de ||||, obtenido en la etapa 4, construimos |||||.

⋮

Figura 1.1: Recursividad de la construcción de los números naturales

números naturales *heredan ese carácter recursivo*. Por lo tanto, *la veracidad o validez de dichas proposiciones debe verificarse utilizando la recursividad.*

Lo anterior sugiere que es posible establecer un paralelo entre los números naturales y las proposiciones que dependen de dichos números de manera que la veracidad o validez de la proposición que depende del número natural 2 se base en la veracidad de la proposición que depende del número natural 1; que la veracidad de la proposición que depende del número natural 3 se base en la veracidad de la proposición que depende del número natural 2... que la veracidad de la proposición que depende del número natural 27 se base en la veracidad de la proposición que depende del número natural 26, y así *ad infinitum.*

Usemos ahora la proposición $A(n)$ definida en (1.5) para ilustrar el procedimiento antes descrito:

$$\begin{array}{llllllll}
| & 1 & = & \frac{1(1+1)}{2} & & & & \\
|\,| & 1+2 & = & \frac{1(1+1)}{2}+2 & = & 2\left(\frac{1}{2}+2\right) & = & \frac{2(2+1)}{2} \\
|\,|\,| & 1+2+3 & = & \frac{2(2+1)}{2}+3 & = & 3\left(\frac{2}{2}+1\right) & = & \frac{3(3+1)}{2} \\
|\,|\,|\,| & 1+2+3+4 & = & \frac{3(3+1)}{2}+4 & = & 4\left(\frac{3}{2}+1\right) & = & \frac{4(4+1)}{2}
\end{array}$$

y así *ad infinitum.*

El procedimiento recursivo permite *decidir si una proposición aritmética es verdadera o falsa, válida o inválida.* El paralelo entre la secuencia de los números naturales

$$|, \quad |\,|, \quad |\,|\,|, \quad \ldots, m, \quad m\,|, \quad \ldots, n \tag{1.6}$$

y la secuencia de proposiciones que dependen de los mismos

$$A(|), \quad A(|\,|), \quad A(|\,|\,|), \quad \ldots, A(m), \quad A(m\,|), \quad \ldots, A(n) \tag{1.7}$$

es fundamental, pues *constituye la base del razonamiento matemático-constructivista.* Esto lo resumimos de la siguiente manera:

Principio de inducción:

(1) Si la afirmación $A(|)$ es verdadera.

(2) Y si la siguiente proposición es verdadera: si para un número natural cualquiera m, si $A(m)$ es verdadero, entonces $A(m\,|)$ es también verdadero.

(3) Conclusión: $A(n)$ es verdadero para todo número natural n.

Esta proposición, llamada *principio de inducción,* asegura que la veracidad de proposiciones aritméticas se decide en base a la constructibilidad de las secuencias (1.6) y (1.7). Es por ello que estará presente en cada uno de los resultados, tanto de la aritmética pitagórica como del triángulo aritmético de Pascal.

Eticidad, tercera consecuencia: el principio de inducción es una afirmación cuya veracidad ha sido demostrada a partir de la regla constructiva (1.2). El aspecto normativo es, por tanto, anterior al valor de verdad de las proposiciones aritméticas. Pero ¡la ética es normativa! Por lo tanto, al enseñar Matemática de forma constructiva –es decir, con reglas normativas y demostraciones constructivas–, enseñamos una actividad normada. Así, *no requieres forzar la relación de la Matemática con la vida práctica*. No lo necesitas si te has apropiado de una de las principales consecuencias de la Matemática constructivista, a saber, *que se trata de una actividad razonable*, es decir, que construye objetos de acuerdo a normas. Es fundamental que entiendas la diferencia que hemos explicado anteriormente entre una regla normativa y una proposición aritmética. De ahí la enorme importancia de entender cada vez mejor el principio de inducción. Es fundamental porque es lo que requieres transmitir, clase a clase, a tus estudiantes. Haciendo esto, colaborarás en prepararlos para la vida.

1.4. Visión panorámica de nuestros próximos aprendizajes

La primera parte de este libro está dedicada a la aritmética pitagórica. El capítulo 2 desarrolla esta aritmética, partiendo por las definiciones y caracterizaciones de los números pares e impares. Estos desarrollos, interesantes en sí, pueden ser utilizados con estudiantes de los primeros años de Enseñanza Básica: lo fundamental es que aprendan poco a poco a pensar recursivamente.

En este mismo capítulo desarrollamos los números figurados. Se trata de construcciones recursivas, por medio de las cuales se establecen propiedades de cada una de las clases de números que se generan, y además se buscan relaciones entre las diferentes clases. Estos números pueden ser discutidos con estudiantes a partir de 6° o 7° año de Enseñanza Básica, y resultan fecundos para estudiantes de Enseñanza Media.

La segunda parte de este libro está dedicada al triángulo aritmético de Pascal. En el capítulo 3 se introduce el triángulo junto a la concepción que Pascal tenía acerca de lo que era el método riguroso de la Matemática. En el capítulo 4 ofrecemos una traducción del texto de Pascal; según nuestro conocimiento, esta sería la primera traducción española de este fascinante tratado escrito originalmente en dos versiones: latín y francés. El capítulo 5 comenta en dos niveles el tratado de Pascal: en un primer nivel se proponen actividades en forma de conjetura que puedes desarrollar con estudiantes de 6° Básico en adelante. En un segundo nivel relacionamos el tratado de Pascal con los números combinatoriales y reescribimos las consecuencias del mismo usando esta notación. El material puede ser discutido con estudiantes de III° y IV° año de Enseñanza Media, e incluso resultaría útil para estudiantes de primer año universitario.

PARTE II

Aprendamos aritmética

CAPÍTULO 2. ARITMÉTICA PITAGÓRICA

Todo está formado a partir de la naturaleza
del Mismo y de la naturaleza del Otro;
esto se ve primeramente en los números.

BOECIO, *Instituciones Aritméticas*, LIBRO II, N° 33.

2.1. Secuencia de signos: una actividad milenaria

Comencemos recordando las palabras de Brouwer mencionadas en el capítulo anterior:

> *"Uno, dos, tres, ...", conocemos de memoria la secuencia de estos sonidos como una fila sin fin, es decir, que continúa por siempre de acuerdo a una ley que se sabe es fija.*
>
> *Al lado de esta secuencia de sonidos-imágenes poseemos otra secuencia que procede de acuerdo a una ley fija, por ejemplo, la secuencia de los signos escritos 1, 2, 3...*
>
> *Estas cosas son intuitivamente claras.*

Uno de los elementos que queremos subrayar es el que dice relación con la representación de los números naturales como una *fila sin fin* de signos. Vamos a mostrar que esta no es una idea reciente, sino que más bien se trata de una actividad milenaria desarrollada por la humanidad que denominamos *contar*.

2.1.1. ¿Qué hacemos cuando contamos?

La pregunta básica con la que podemos comenzar nuestro aprendizaje de la aritmética constructivista es la siguiente:

¿Qué significa contar? ¿Qué actividades se realizan cuando contamos?

Contar es una de las actividad más antiguas que el ser humano ha desarrollado. Es tan cercana a nosotros, que probablemente tengamos algunas dificultades para convencernos de la importancia de estas preguntas. Pero hagamos un esfuerzo, pidiendo a nuestros estudiantes que cuenten las sillas de la sala, las mesas, a sus compañeros, etc.

Por ejemplo, contemos este grupo de tréboles:

Cualquiera de nosotros hará esto: *uno, dos, tres, cuatro, cinco, seis, siete, ocho* y dirá: *hay ocho tréboles.* Cuando contó los tréboles, ¿qué hizo? Cuando contó el primer trébol dijo: *uno.* Cuando dijo *dos*, ¿qué estaba haciendo? Formula estas preguntas a tus alumnos –y a ti mismo– tratando de percibir cuál de las siguientes dos actividades realizas(n) cuando cuentas(n) el segundo trébol: ¿asignan el *dos* al segundo trébol, o asignan el *dos* a los dos primeros tréboles? La primera actividad se puede ilustrar por medio de la figura 2.1. Sin embargo, esta actividad *no* refleja la significación que damos a los signos 1, 2, 3, 4, 5, 6, 7 y 8.

Figura 2.1: Contando 8 tréboles: primera representación

¿Cómo representamos figurativamente lo que hacemos cuando contamos los 8 tréboles? ¡La respuesta debe salir de tus alumnos! La figura 2.2 es una posible representación.

Cuando contamos, formamos una *secuencia* de signos. Esta secuencia está normada por una regla: ¿cuál es esa regla? La respuesta la podemos extraer observando atentamente la figura 2.2:

1. Partimos con un signo inicial: ♣.

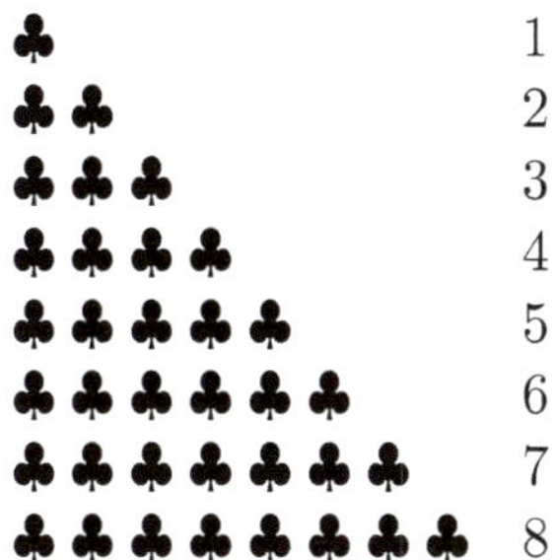

Figura 2.2: Contando 8 tréboles: segunda representación

2. Luego, al signo inicial le añadimos un ♣, obteniendo así ♣♣.
3. Luego, al signo obtenido le añadimos un ♣, obteniendo así ♣♣♣.
4. Luego, al signo obtenido le añadimos un ♣, obteniendo así ♣♣♣♣.
5. Y así sucesivamente.

Pero también hacemos otra actividad cuando contamos: ¿cuál es? Nuevamente, si observamos la figura 2.2 podremos formular una respuesta: introducimos *nuevos* signos, el 1, 2, 3... ¿por qué los introducimos? Responder a esta pregunta significa entender el poder que tiene la escritura simbólica. Los signos numéricos 1, 2, 3, 4... han sido introducidos para *abreviar* concatenaciones de signos. Así, es *más simple* escribir 10 que escribir

Podemos concluir que los signos 1, 2, 3... *nos ayudan a simplificar nuestros procedimientos de conteo*. Este procedimiento de simplificación sin duda que lo podemos entender como un procedimiento de *eficiencia*: es más eficiente escribir 25 que representar 25 tréboles de la siguiente manera:

Pero ¡cuidado! No solo hay eficiencia aquí, sino que hay una actividad que es propia de los seres humanos: ¿sabes cuál es? Es tan importante esta pregunta que la dejamos enmarcada:

> Cuando un niño, un adulto o un anciano utilizan los signos 1, 2, 3... mientras cuentan, ¿qué actividad propia de los seres humanos están realizando?

Responder a esta pregunta no solo significa dar un paso más en nuestro aprendizaje constructivo de la aritmética, sino además *valorar* los enormes procesos de aprendizaje que tus estudiantes realizan toda vez que cuentan. Para responder a esta pregunta, sigamos hablando de las secuencias de signos.

2.1.2. El sistema numérico fenicio

El procedimiento que hemos descrito no es nuevo, sino que pertenece a nuestra herencia cultural. La actividad de *concatenación simbólica* puede rastrearse en las representaciones numéricas utilizadas por los fenicios hacia el 3000 a. C. La figura 2.3 muestra cómo los primeros diez números naturales eran concebidos como concatenaciones de un signo-unidad, a saber, *una barra.*

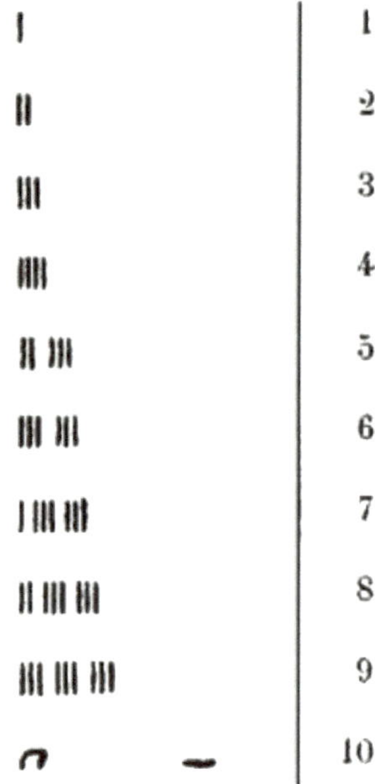

Figura 2.3: Los primeros diez numerales fenicios

Los primeros nueve números naturales se obtienen de la misma forma que hemos descrito en la figura 2.2. Pero hay algo más que podemos aprender de esta milenaria representación: el número 10 no se representaba por medio de diez barras concatenadas, sino por dos signos diferentes: el primero, parecido a una semicircunferencia; el segundo, una barra horizontal.

Lo que resulta relevante es que el procedimiento de concatenación de unidades-barras se extiende a la concatenación de los nuevos signos de forma de representar nuevos números naturales. Así, por ejemplo, como se puede apreciar en la figura 2.4, el número 20 se representa de dos formas diferentes: la primera, poniendo dos signos tipo semicircunferencia que representan el 10, de manera que se obtiene una especie de circunferencia, o simplemente poniendo una barra horizontal arriba de otra. Similarmente con el número 30: tres barras horizontales, o tres semicircunferencias (dos de las cuales forman una circunferencia). El número 40 se representaba por medio de cuatro barras horizontales.

No solo aprendemos esto de dichas representaciones fenicias. Además aprendemos que el número 11 es la concatenación del signo utilizado para representar el 10 con el signo usado para representar el 1. Igualmente, el 21 corresponde a concatenar el signo del 1 con el signo del 20 (que es la concatenación de dos signos del 10). No deja de ser interesante el *orden* de la concatenación: el 11 se obtuvo concatenando un 10 y luego un 1, mientras que el 21 se obtuvo concatenando un 1 y un 20.

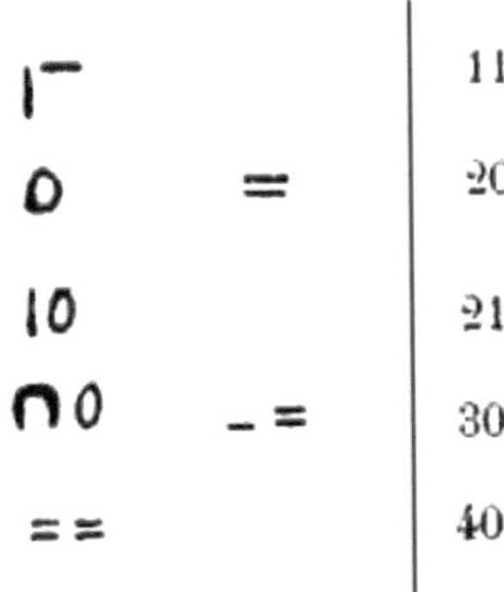

Figura 2.4: Numerales fenicios

Este "salto" debe ser enfatizado con tus estudiantes. Pregúntense cuál es su significación. Para ello, pide que cuenten la siguiente secuencia:

2 2 2 2 2 2 2 2 2

La respuesta es simple: hay nueve 2. Pero la actividad realizada es digna de ser entendida lo más cabalmente que se pueda: *el 2 acaba de ser usado como signo susceptible de ser concatenado.* Por lo tanto, un signo que abrevia una concatenación –el 2 como abreviación de ♣♣– puede a su vez ser utilizado como signo susceptible de ser concatenado.

2.1.3. El sistema numérico babilónico

El "salto" al que hacíamos referencia lo podemos apreciar con total transparencia al examinar las representaciones simbólicas babilónicas de los numerales, como se muestra en la figura 2.6; estos datan del 3500 a. C. El signo-unidad básico de este sistema se puede apreciar en la figura 2.5(a). Al igual que en el caso fenicio, este numeral se concatena desde el 1 al 9. El 10 corresponde a un nuevo signo –llamémoslo *signo-decena*–, el cual se aprecia en la figura 2.5(b).

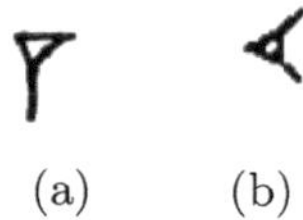

Figura 2.5: (a) Signo babilónico para indicar 1. (b) Signo babilónico para indicar 10

El signo-decena se concatena consigo mismo para obtener el 20, 30, 40 y 50: se aplica la misma regla de concatenación de signos-unidades a la concatenación de signos-decenas. Por lo tanto, así como hay una aritmética de signos-unidades, existe una aritmética de signos-decenas, la cual se obtiene de la primera, cambiando solo aquello que es considerado como "unidad". La construcción de los restantes numerales resulta de concatenaciones de signos-unidad y signos-decena similares.

2.1.4. Otros sistemas numéricos antiguos

Otros sistemas de signos que siguen un patrón similar de construcción son los griegos, que aparecen en la figura 2.7, o los mayas, que aparecen en la figura 2.8; esta última debe leerse por filas: la primera fila representa los números del 1 al 5; la segunda, del 6 al 10, y así sucesivamente, de acuerdo con la regla subyacente. En esta representación llama la atención que aparece un signo para el *cero*, que es la figura en forma de elipse que está en la esquina inferior derecha. Dejamos un par de preguntas planteadas para que tú, lector, busques las respuestas: ¿Por qué algunas civilizaciones como la griega o la romana no utilizaron el cero? ¿Por qué los mayas lo introdujeron? En aritmética, ¿cuándo apareció por primera vez el cero?

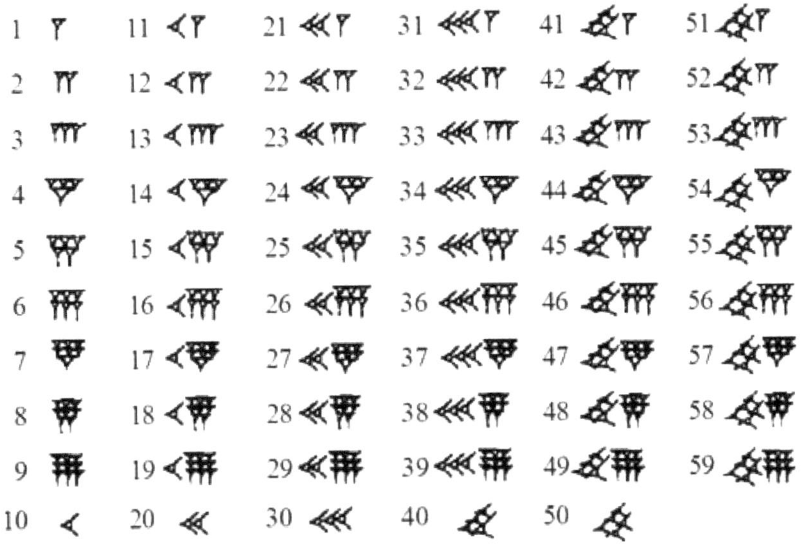

Figura 2.6: Numerales babilónicos

I	II	III	IIII	Γ	ΓI	ΓII	ΓIII	ΓIIII	Δ
1	2	3	4	5	6	7	8	9	10

Figura 2.7: Numerales griegos

2.1.5. Unidades, decenas, centenas... nuevos signos susceptibles de ser concatenados

Después de este breve recorrido histórico, tanto el uso de símbolos como su concatenación deben ser más naturales. Por ello, solicita a tus alumnos inventar un sistema numérico, dibujarlo en la pizarra o en papel y pedir a sus compañeros que lo describan. Eso permitirá enfatizar que contar significa concatenar signos.

Es importante averiguar qué tanto hemos entendido sobre este aspecto fundamental de la concatenación de signos. Para ello, hagámonos la siguiente pregunta:

Figura 2.8: Numerales mayas

¿Cómo podemos describir nuestro sistema numérico en términos de concatenaciones? Para responder a esta pregunta debemos reflexionar sobre esta otra: ¿cuál es la concatenación básica de nuestro sistema numérico?

El objetivo de estas preguntas es llegar a describir el aspecto *recursivo* de la construcción de los números naturales, es decir, *observar cómo las primeras diez concatenaciones –que llamaremos concatenación básica– se repiten una y otra vez.*

A continuación presentamos los elementos de la respuesta. La secuencia básica de nuestro sistema numérico está representada en la figura 2.9. Miremos ahora los primeros 100 números naturales que aparecen en la figura 2.10. Se puede observar que los 100 primeros números corresponden a concatenar 100 unidades –los tréboles–, pero también corresponden a concatenar las 10 filas de la figura 2.10. Esta última concatenación es exactamente igual a la concatenación básica: lo único que cambió fue el signo utilizado para la concatenación. Así, por ejemplo, el 20 corresponde a concatenar dos 10; el 30, a concatenar tres 10, y así hasta llegar al 100, que corresponde a concatenar diez 10.

Esta *regla de generación* de la décima columna de la matriz de números de la figura 2.10 está también presente en las otras columnas. Así, por ejemplo, la primera columna se construye de la siguiente manera: se comienza por 1; se concatena un 10 y un 1; luego, dos 10 y un 1, y así hasta concatenar nueve 10 y un 1. Puesto que 10 es una nueva "unidad" de concatenación, a veces por facilidad podemos representarla con un nuevo signo: usemos la primera letra de la palabra *diez*, a saber, *d*. La construcción de la última columna de esta matriz de números corresponde, por tanto, al siguiente procedimiento:

Concatenación de signos	Abreviación simbólica
♣	1
♣♣	2
♣♣♣	3
♣♣♣♣	4
♣♣♣♣♣	5
♣♣♣♣♣♣	6
♣♣♣♣♣♣♣	7
♣♣♣♣♣♣♣♣	8
♣♣♣♣♣♣♣♣♣	9
♣♣♣♣♣♣♣♣♣♣	10

Figura 2.9: Secuencia básica de nuestro sistema numérico

$$d, \quad d\,d, \quad d\,d\,d, \ldots\ldots, d\,d\,d\,d\,d\,d\,d\,d\,d\,d,$$

el cual a su vez se abrevia de la siguiente manera:

$$1\,d, \quad 2\,d, \quad 3\,d, \ldots\ldots, 10\,d.$$

Como puedes reconocer, profesor, esto no es otra cosa que las llamadas *decenas*. Lo importante es que se entienda que se introducen como signos que sirven para abreviar y que se concatenan siguiendo la misma concatenación básica que produce los primeros 10 números naturales.

Ahora bien, es posible probar que

$$2\,d = 20 \tag{2.1}$$

Para ello, *hay que utilizar la regla que genera los números naturales*, tal y como está sugerida en la figura 2.9. La regla es *normativa*; una proposición es verdadera cuando se demuestra *utilizando la regla*. Así, para probar la igualdad (2.1), realizamos los siguientes razonamientos:

1. $2\,d$ significa concatenar d y d.

2. d significa concatenar 1 diez veces.

3. Luego, $d\,d$ se obtiene a partir de d concatenando diez veces la unidad.

1	**2**	**3**	**4**	**5**	**6**	**7**	**8**	**9**	**10**
11	12	13	14	15	16	17	18	19	**20**
21	22	23	24	25	26	27	28	29	**30**
31	32	33	34	35	36	37	38	39	**40**
41	42	43	44	45	46	47	48	49	**50**
51	52	53	54	55	56	57	58	59	**60**
61	62	63	64	65	66	67	68	69	**70**
71	72	73	74	75	76	77	78	79	**80**
81	82	83	84	85	86	87	88	89	**90**
91	92	93	94	95	96	97	98	99	**100**

Figura 2.10: Los primeros 100 números naturales

El argumento puede parecer simple; a pesar de eso, nos muestra que la operación *suma* no es otra cosa que la concatenación de signos.

Evidentemente, podemos considerar ahora como "unidad" la matriz de números de la figura 2.10. Para abreviar le asociamos la primera letra de la palabra *cien*, a saber, c. Concatenamos estos signos obteniendo la siguiente secuencia:

$$1\,c, \quad 2\,c, \quad 3\,c, \ldots\ldots, 10\,c.$$

Esta vez estamos concatenando *centenas*. La pregunta, natural ya a esta altura, sería cómo continuar. Pídeles a tus alumnos que sigan y así vayan concatenando *unidades de mil, decenas de mil, centenas de mil... hasta llegar a obtener números de los cuales no se conoce su nombre –por ejemplo un 1 seguido de cien ceros–*.

¡Profesor! Esta será tal vez una de las primeras experiencias de tus alumnos con el *infinito potencial*, es decir, podemos en principio construir cualquier número por grande que sea, pero *nunca* terminar nuestro procedimiento de conteo. Pregúntales a tus estudiantes qué piensan sobre esto:

Si seguimos concatenando unidades, ¿hasta dónde podemos llegar? ¿Terminaremos alguna vez de construir *todos* los números naturales? ¿Qué piensan del infinito?

¡Más que respuestas precisas, trata de captar la comprensión que tienen ahora acerca del infinito potencial!

2.2. Las reglas subyacentes a la aritmética

Retomemos la figura 2.2 junto con la explicación verbal que hemos dado acerca de cómo se va generando esta secuencia; ver sección 2.1.1, p. 20. Hay tres aspectos que tendrás que *comenzar* a transmitirles a tus estudiantes:

1. La construcción de los números naturales se realiza por medio de una regla que es *recursiva*.
2. El procedimiento que llamamos *contar* involucra un importante paso de *abstracción*.
3. La recursividad permite tener una regla que *potencialmente* puede generar una infinidad de números naturales.

Expliquemos cada uno de estos aspectos.

2.2.1. Recursividad, la característica de la construcción de los números naturales

Observa atentamente la figura 2.2, ¿qué se puede concluir? Lo que podemos concluir de esta figura es que cada vez que se tiene una secuencia de tréboles, la *siguiente* secuencia se obtiene añadiéndole a la secuencia *anterior* un trébol.

El desafío consiste en escribir el esquema general de esta regla. Para ello hay que notar en primer lugar que la secuencia debe comenzar con un signo *inicial*, por ejemplo, un trébol. El segundo aspecto es que la construcción de una nueva concatenación de signos se basa en una concatenación *ya construida*. Así, por ejemplo, la concatenación

se construyó a partir de

después de añadir un ♣ más.

La siguiente etapa es *verbalizar* las consideraciones anteriores. Es muy importante que esto lo logres con tus alumnos. Tienen que explicar en dos enunciados la construcción de los números naturales (representados con signos). En un primer intento, deberían llegar a algo como esto:

(i) Elegimos una figura inicial, por ejemplo una barra $|$, igual que los fenicios.

(ii) Dada una concatenación de barras, la siguiente concatenación se obtiene a partir de esta, añadiéndole una barra más.

Pero ciertamente pueden dar un paso más allá de lo que hicieron los fenicios o los babilónicos. El propósito es que lleguen a algo como esto:

Reglas básicas de construcción de los números naturales:

(i) Figura inicial: $|$.

(ii) Dada una concatenación de barras que simbolizamos con la letra n, la siguiente concatenación corresponde a $n\,|$.

Es importante que les hagas notar que al escribir estas dos reglas han dado un paso más allá de los babilónicos y los fenicios. ¿Sabes por qué es importante esto? ¡Porque nosotros estamos 3.500 años más acá en la historia, y estamos invitados a avanzar un poco más!

Las ideas claves subyacentes a estas reglas son las siguientes:

(a) Se eligió un símbolo inicial, una barra. También puede escogerse un trébol o un árbol...

(b) De acuerdo con la segunda regla básica, solo se están concatenando barras.

(c) El carácter *recursivo* de la regla consiste en lo siguiente:

- La secuencia debe comenzar. Este es el significado, por lo demás evidente, de la primera regla básica.
- Cualquiera sea la concatenación n de signos que consideremos, el siguiente signo se construye concatenando los signos n y $|$, es decir,

$$n\,|$$

A partir de todo esto hay una conclusión fundamental:

> Los números naturales se construyen *de acuerdo* con estas reglas. Estas no son ni verdaderas ni falsas. Solo son *normativas*.

La relación de la Matemática con la vida diaria es una preocupación constante a la hora de enseñarla. Se buscan situaciones que muestren la relevancia de saber *operar* con números: la suma de la cuenta en la feria; dividir una torta entre amigos; entender la balanza cuando nos pesamos; hacer una conversión de pesos chilenos a reales brasileños; calcular el vuelto que deben darme cuando realizo una compra en el almacén del barrio... Todas estas actividades se relacionan con un correcto y eficiente uso de las operaciones aritméticas: suma, resta, multiplicación y división. Tal vez esta preocupación, totalmente legítima, explique por qué se invierten tres o cuatro años de enseñanza para aprender a operar con números.

Pero si nos detenemos un momento y nos preguntamos qué relación podemos establecer entre el procedimiento llamado *contar* y la vida diaria, ¿qué responderían, estimado profesor, estimado estudiante? Aún no hemos enseñado a multiplicar, menos a dividir, ni a restar; algo acerca de la operación suma hemos dicho. Solo podemos señalar la capacidad de contar... lo cual parece pobre frente al dominio de las operaciones aritméticas.

Por el contrario, se trata de una relación que *va más allá del uso inmediato de la Matemática*: es una relación entre *la Matemática y la Ética*. La concatenación de barras por sí sola *no* es una actividad matemática, pero cuando dicha concatenación es *normada*, estamos frente a una actividad matemática. Por tanto, cuando transparentamos las reglas básicas de la construcción de los números naturales, y pedimos verificar que ciertas proposiciones se satisfagan, lo que estamos haciendo es *enseñar a proceder conforme a normas*. Enseñando Matemática estás enseñando una forma de proceder en la vida diaria.

2.2.2. ¡Ya hemos hecho una primera abstracción!

Cuando contamos, no solo contamos tréboles. También contamos sillas, lápices, árboles, perros, pájaros, personas, etc. Cada vez se trata de formar una *secuencia* específica de esos objetos y, como en el caso de los tréboles de la figura 2.2, utilizamos los signos 1, 2, 3... para contar. De hecho, podemos representar reglas de concatenación *iguales* a la de la sección 2.1.1, pero *cambiando* el signo inicial. Así, obtenemos concatenaciones como las que se muestran en la figura 2.11:

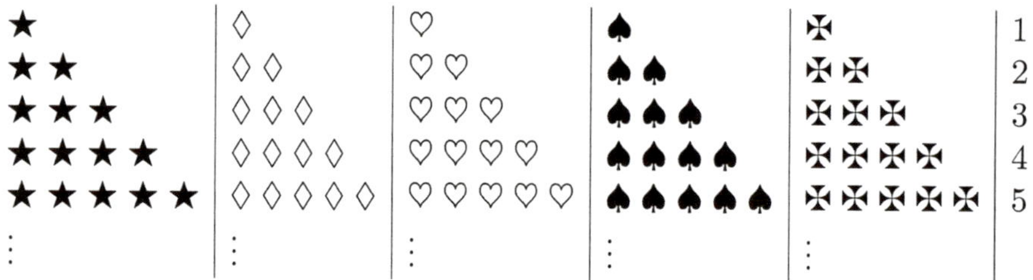

Figura 2.11: Representación de numerales por medio de figuras distintas

Aunque los signos sean diferentes, el procedimiento de contar es el mismo. Las concatenaciones de signos las llamaremos *numerales*. Así, por ejemplo, el numeral uno se escribe como ✠, el numeral dos, como ✠ ✠, y así sucesivamente. Otra persona representa el numeral uno como |, el dos como | |, y así sucesivamente. Los signos ✠ y | son *diferentes*, pues son figuras diferentes. Pero, como decía Lorenzen[5], "de acuerdo a la concepción operativa de la matemática, en matemática no trabajamos con objetos abstractos a los cuales nos tenemos que referir por medio de nombres propios, de manera de producir proposiciones matemáticas; sino más bien comenzamos construyendo figuras". Dicha construcción está normada por reglas específicas; las mismas reglas han sido utilizadas para construir los numerales de la figura 2.11: *se trata de figuras distintas que significan lo mismo.*

Esto es lo que en la Matemática constructivista se llama *definición abstracción*, o brevemente *abstracción*. Tus alumnos, toda vez que cuentan *diferentes* objetos utilizando la misma regla de conteo, realizan una abstracción: los numerales significan los números naturales. Es por ello que no solo contamos una misma clase de objetos, sino objetos diferentes, como en esta secuencia:

$$\clubsuit \; \diamondsuit \; \heartsuit \; \spadesuit \; \maltese \; \square \; \varnothing \; \triangledown \; \bigstar \; \bullet$$

Usamos la misma norma, lo cual nos permite relacionar un sinfín de numerales con unos mismos números naturales.

---

[5] Ver p. 6 para pequeños datos biográficos de Paul Lorenzen.

2.2.3. El infinito potencial

Hay un elemento más en las reglas básicas de construcción de los números naturales que permite tener una determinada experiencia con el infinito. En efecto, la pregunta básica es la siguiente:

¿Termina alguna vez la construcción de los números naturales?

La respuesta es *no*. De hecho, es precisamente el aspecto recursivo de la regla lo que motiva esta respuesta: puede aplicarse una y otra vez, y nunca llegaremos al final. Sabemos qué hay que hacer para llegar al número

$$1000000000000000000000000000000000000000000000000000000000000000,$$

pero posiblemente no nos alcance la vida para llegar a él. Por lo tanto, decimos que todos los números naturales *potencialmente pueden ser construidos* a partir de las reglas básicas de construcción.

2.2.4. La adición definida recursivamente

Ya verbalizamos las reglas necesarias para construir la secuencia de números naturales. Estas reglas tienen un carácter recursivo. La pregunta básica que hay que proponer ahora es la siguiente:

¿Cómo describimos la adición de números naturales?

Ahora tienes una oportunidad única, pues es el momento de enseñar Matemática de *forma constructiva*. Esto significa que la *adición* debe definirse *a partir* de la construcción de los números naturales. Por lo tanto, hay que describir la adición (o suma), que denotaremos por el habitual signo $+$, en términos de dichas reglas, las cuales deben ser recursivas.

Para definir la adición, "colgémonos" de la segunda regla básica de construcción de números naturales: tenemos un numeral n cualquiera y queremos concatenarlo con $|$; según esta regla obtenemos

$$n\,|$$

Así, por ejemplo, si tenemos el numeral | |, el siguiente numeral es | | |. Haciendo la abstracción, hemos pasado del número natural 2 al número natural 3. Por lo tanto, la concatenación de los numerales | | y | para obtener el numeral | | | se representa como la adición de 2 y 1 para obtener el 3. Esta analogía la resumimos de la siguiente manera:

$$\begin{array}{ccccc} || & + & | & = & ||| \\ 2 & + & 1 & = & 3 \end{array}$$

No es necesario que expliques todo esto a tus estudiantes, pero es imprescindible que lo entiendas para poder transmitir la siguiente idea básica:

La adición de n con 1 –lo cual escribimos como $n+1$– corresponde a la construcción de n | a partir de la concatenación de n y |.

¿Qué hemos hecho con esta primera definición? Como decíamos hace un momento, nos hemos "colgado" de la segunda regla básica de construcción de los números naturales. Nuestro objetivo no es reescribir dichas reglas, sino obtener un nuevo procedimiento. ¿Cómo lograrlo? El principio de inducción es la actividad clave que nos permitirá entender *cómo aprendemos a sumar, tanto nosotros como nuestros estudiantes.*

Para apreciar esta simple idea, pregunta a tus alumnos cómo suman 3 y 2. Lo primero que hacen, al menos los más pequeños, es realizar lo siguiente:

$$|, \quad ||, \quad |||,$$

es decir, obtienen constructivamente el número 3. Luego continúan de esta manera (siempre usando los dedos):

$$3 + | \;=\; ||||$$

$$4 + | \;=\; |||||$$

Ese uso de los dedos, tan común, es precisamente uno de los elementos fundamentales de la aritmética constructiva: la inducción.

Avancemos un poco más y hagamos otra pregunta que será fundamental a la hora de aprender Matemática pitagórica:

Tenemos dos números naturales cualesquiera, que llamaremos n y p. ¿A qué objeto *siempre* conduce la adición $n+p$?

La respuesta debe construirse *recursivamente*, de la misma manera que los niños usan sus dedos:

Definición 1: $m + 2 = (m + 1) + 1$

Definición 2: $m + 3 = (m + 2) + 1$

La definición 1 dice que $m+2$ corresponde al sucesor del sucesor de m. Esto lo sabemos porque *ya* hemos definido la adición del tipo $m + 1$ utilizando la segunda regla básica de construcción de números naturales. La definición 2 utiliza la definición 1: en la definición 2, la expresión $m+2$ está a la derecha de $=$, mientras que en la definición 1 está a la izquierda de $=$. Por eso decimos que la suma se define recursivamente: cada definición hace referencia a la precedente. Esquemáticamente podemos representar la definición de la suma de la siguiente manera:

Definición 1: $m + 2 = (m + 1) + 1$

Definición 2: $m + 3 = (m + 2) + 1$

Definición 3: $m + 4 = (m + 3) + 1$

Definición 4: $m + 5 = (m + 4) + 1$

Definición 5: $m + 6 = (m + 5) + 1$

$\vdots$

Las definiciones anteriores pueden resumirse en la siguiente definición general: para dos números naturales m y n,

Regla general de aditividad:

$$m + (n + 1) = (m + n) + 1$$

Esta regla indica *una forma de proceder*. Con ella, tus estudiantes suman *avanzando constructivamente.*

> **Advertencia:** ¡No confundas esta regla con la asociatividad de la suma! Si la tienes, vuelve a leer desde el principio, pues dicha confusión significa no entender el aspecto *constructivo* de la aritmética.

Es tiempo de responder a la pregunta que ha motivado estas consideraciones, a saber, ¿qué objeto obtenemos cuando sumamos dos números naturales? La respuesta es: un número natural.

2.2.5. Conmutatividad y asociatividad: propiedades de la adición

Consideremos ahora las siguientes dos proposiciones:

LEY CONMUTATIVA: $a + b = b + a$ para todos los números naturales a y b.

LEY ASOCIATIVA: $a + (b + c) = (a + b) + c$ para todos los números naturales a, b y c.

Estas leyes o reglas deben ser verificadas constructivamente. Aunque estas propiedades puedan parecer triviales, verificarlas no lo es del todo. Nuestro objetivo es ilustrar su demostración de forma figurativa, dejando en el apéndice C una demostración constructivista rigurosa.

¿Cómo podemos representar figurativamente la conmutatividad de la adición? En la figura 2.12 proporcionamos una representación de la veracidad de $3 + 2 = 2 + 3$, aunque no necesariamente esta es la única respuesta:

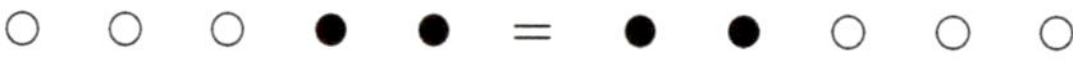

Figura 2.12: Representación de la conmutatividad

Cuando sumamos $3+2$, lo que hacemos es $3+1$ y luego $(3+1)+1$, mientras que cuando sumamos $2+3$ hacemos $2+1$, $(2+1)+1$ y $((2+1)+1)+1$. Lo que dice la ley conmutativa es que ambos procedimientos conducen al *mismo* número natural. Por eso, aunque la conmutatividad nos puede parecer una propiedad trivial, resulta relevante plantearse las siguientes preguntas:

(1) *Antes* de deducir la verdad de la conmutatividad de la adición, ¿te has preguntado si la adición es "naturalmente" conmutativa para tus alumnos? Pregúntales... la respuesta podría ser negativa.

(2) Busquen operaciones/actividades que no sean conmutativas.

¡Pistas de respuesta, profesor! Cuando un niño o una niña suman, por ejemplo 9 y 1 ¿qué hacen? Una actividad que pueden realizar es contar a partir del 9 una unidad más: llegan al 10. Pero si hacen 1+9 y parten del 1 contando nueve unidades más para llegar al 10, en términos concretos, la segunda actividad es "más larga" que la primera. Por tanto, la conmutatividad es una invitación a realizar operaciones de forma más eficiente.

Respecto de la asociatividad, pídeles a tus estudiantes que sugieran representaciones figurativas, que además puedan utilizar para hacer operaciones aditivas de forma más eficiente. Por ejemplo, para resolver

$$1 + (9 + 8)$$

parece más eficiente hacer lo siguiente:

$$1 + (9 + 8) = (1 + 9) + 8 = (9 + 1) + 8 = 10 + 8 = 18.$$

En todo caso, profesor, pregunta a tus estudiantes qué caminos les resultan más eficientes... pues ¡la eficiencia es un asunto más bien subjetivo!

2.2.6. Ideas básicas del constructivismo matemático

¿Qué hemos aprendido y enseñado hasta aquí?

1. Que la concatenación de signos es una actividad humana que tiene una historia milenaria. Por ello, tanto el contar como el uso de los signos son actividades que podemos aprender.

2. La secuencia de numerales (y, por extensión, de números naturales) es una actividad milenaria que trae consigo una lección: el *uso* de signos. Estos son importantes, pues nos permiten pasar de la secuencia de barras a la secuencia de los signos $1, 2, 3\ldots$ Este paso es la primera abstracción que realizamos en Matemática.

3. La secuencia de números naturales se construye de acuerdo a una regla normativa. Por lo tanto, la aritmética nos enseña a proceder de acuerdo a normas: este es un aspecto ético *implicado* por la Matemática.

4. La secuencia de números naturales nos permite tener una experiencia con el infinito en términos potenciales.

5. A partir de la construcción de los números naturales definimos recursivamente la suma. La definición recursiva indica una forma de proceder.

Normatividad, abstracción, procedimientos constructivos: no dejan de ser aprendizajes relevantes. Como decía el importante matemático constructivista y físico Hermann Weyl[6]:

> *En los números naturales se plantea, en su forma más sencilla, el problema del conocimiento.*

Ahora estamos en condiciones de afirmar que la Matemática comienza por el estudio de agrupaciones de signos extraídos de un alfabeto. Dichas agrupaciones pueden ser consideradas como un *conjunto* o como una *secuencia.* Nosotros hemos optado por las secuencias, que nos imponen una forma específica de razonamiento matemático, a saber, que una proposición es verdadera cuando es constructible a partir de reglas normativas específicas. Más aun, esta opción nos ha abierto la puerta –tal vez inesperadamente– a la ética.

2.3. Piedrecitas y los números naturales

Ya sabemos que la humanidad ha representado los números naturales por medio de símbolos concretos. Hay más: ha llegado a usar objetos concretos, como *piedrecitas.* Hay testimonios de que los pitagóricos, hacia el siglo V a. C., representaban con piedrecitas los números. Por ejemplo, en un fragmento de Epicarmo escrito hacia la mitad del siglo V a. C. se explica cómo un número par o impar se representaba por medio de una *fila* de $\psi\tilde{\alpha}\phi o\iota$ –léase *psáfoi*–. Esta palabra griega corresponde al plural del sustantivo singular

[6] Hermann Weyl (1885-1994) dio a la moderna Matemática y Física un impulso esencial. Entre sus obras constructivistas destaca su libro *El continuo*, donde se dedica a mostrar que "el análisis es una casa que, en gran medida, está fundado sobre arena".

$\psi\tilde{\alpha}\phi o\varsigma$ –léase *psáfos*–, que significa *piedra pequeña, piedrecita, piedra que ha sido pulida por el agua de un río.* De hecho, el término griego $\psi\tilde{\alpha}\phi o\varsigma$ significa *piedrecita usada para contar.* Esta palabra griega se tradujo al latín como *calculus*, de donde viene nuestro sustantivo *cálculo* en su doble acepción: el cálculo vesical y piedrecita redonda. Puesto que estas piedrecitas también se usaban para contar, se forja el sentido de nuestra palabra *cálculo.*

La *fila* sin fin que mencionaba Brouwer, y que constituye la base de la Matemática, no es otra cosa que las piedrecitas que mencionaba Epicarmo hace casi 2.500 años. La secuencia de números es una herencia cultural y vale la pena aprender de esa herencia deduciendo propiedades. Los primeros seis números naturales serían los siguientes:

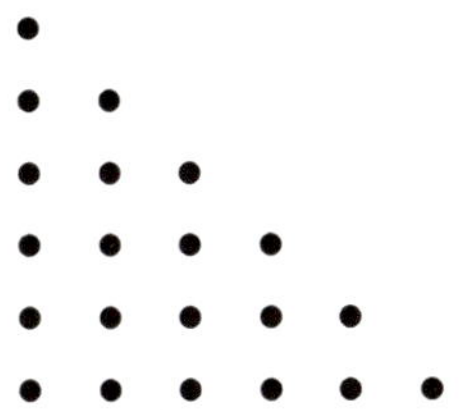

•
• •
• • •
• • • •
• • • • •
• • • • • •

Hoy en día, como ya lo hemos mencionado, estos números los representamos usando los signos 1, 2, 3, 4, 5, 6, respectivamente. Las piedrecitas son las *unidades* de este sistema.

2.4. Las piedrecitas y los números pares e impares

Usando esta representación concreta de los números naturales, los pitagóricos definieron dos tipos de números: los *pares* y los *impares.* Siguiendo la representación lineal de los números, los *pares* son aquellos que pueden ser separados en dos filas de unidades, una a la derecha y otra a la izquierda, cada cual conteniendo el mismo número de piedrecitas (unidades). Por tanto, la posición media está vacía (es decir, sin piedrecita). Los *números impares* son representados de tal forma que la posición media está ocupada por una unidad, más aun, cualquier división en dos filas producirá partes desiguales. En la representación podemos añadir una marca divisora por medio de una línea / tal y como se muestra en la figura 2.13.

Hay un concepto que se requiere utilizar a la hora de representar concretamente los números pares e impares, a saber, que las piedrecitas deben estar puestas a la *misma distancia.* Esta actividad debe realizarse en términos

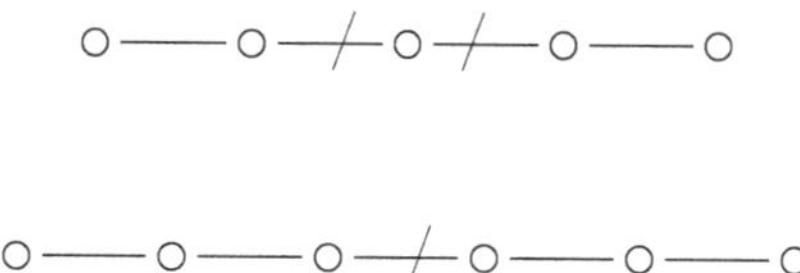

Figura 2.13: Representación de los números 5 (impar) y 6 (par)

concretos, haciendo hincapié en que cada uno elija arbitrariamente la separación entre piedrecitas. Las líneas que hemos puesto entre las pequeñas circunferencias (piedrecitas) sugieren que cada estudiante construya una secuencia de números pares y una secuencia de números impares usando hilo y botones, o bolitas, o incluso nudos.

En base a esta representación figurativa, podemos introducir la siguiente definición:

Definición 2.4.1 Un *número par* es aquel que puede ser dividido en dos partes iguales. Un *número impar* es aquel que no puede ser separado en dos partes iguales, diferirá de un número par por una unidad.

Comentemos algunos aspectos relevantes de esta definición:

1. Proporciona un procedimiento constructivo para decidir cuándo un número es par: basta con desplegar piedrecitas y verificar la condición de que quede la misma cantidad de piedrecitas a la derecha y a la izquierda.

2. Si dicha condición no se satisface, entonces por definición tenemos un número impar.

3. Notemos que *número impar* no solo corresponde a un *número no par*, sino que además se establece una relación entre ambos números, a saber

$$\text{número impar} = \text{número par} + 1$$

Esta es una constatación que también puede ser verificada con piedrecitas: si un número es par, entonces se constata que la cantidad de piedrecitas a la derecha y a la izquierda es la misma, queda vacío el centro de la fila. Luego podemos añadir una piedra más al centro y por tanto obtenemos la configuración que caracteriza a los números impares.

4. Finalmente, esta definición está totalmente basada en la representación concreta de los números naturales. Es por ello que al comienzo *no* se requiere saber dividir por 2 para reconocer si un número es par o impar; solo se necesita saber dividir una secuencia de puntos dispuestos en una fila en dos filas con la misma cantidad de puntos. Aunque ambas operaciones (la de dividir por 2 y la de dividir una fila de piedrecitas en dos filas iguales) son formalmente equivalentes, la segunda es totalmente concreta: basta que cada uno forme un lazo con 10 nudos equidistantes –o, alternativamente, teja o amarre diez bolitas de la misma manera– y luego las tome de tal forma que quede la misma cantidad de nudos a un lado y al otro. De ser así, está frente a un número par, si no, frente a uno impar.

Tenemos una definición que nos permite *decidir* si un número es par o impar. Sin embargo, el procedimiento de verificación puede resultar muy largo o tedioso. Por ejemplo,

El número 15.433, ¿es un número par o impar?

Como ya hemos dicho, la definición 2.4.1 nos proporciona un procedimiento constructivo para decidir si 15.433 es par o impar: basta desplegar en una fila quince mil cuatrocientas treinta y tres piedrecitas. Pero ¡ya conseguir esa cantidad de piedrecitas resulta imposible! Por lo tanto, nos planteamos el problema de cómo decidir si un número es par o impar. ¿Cómo procedemos? Podemos elaborar una respuesta recordando el carácter *recursivo* tanto de la construcción de los números naturales como de la suma. Antes de precisar los elementos de esta respuesta, plantea este mismo problema a tus estudiantes:

¿Cómo podemos obtener algunas reglas que nos permitan decidir si un número natural cualquiera es par o impar, evitando desplegar piedrecitas?

¡Ahora hay que recordar lo que hemos aprendido para obtener una estrategia de solución de este problema! Primero, hemos aprendido que los números naturales obedecen a una concatenación recursiva. Esto nos ha permitido apreciar cómo los 10 primeros números naturales los podemos construir concatenando piedras. Segundo, cómo los 100 primeros números naturales los podemos construir concatenando decenas, y así sucesivamente. Tercero, usando el carácter recursivo de la suma sabemos llegar de un cierto número natural a otro. Entonces, nuestra estrategia tiene los siguientes elementos:

1. Utilizar la definición 2.4.1 para decidir la paridad o imparidad de los primeros diez números naturales.

2. Usar el hecho de que los primeros cien números naturales corresponden a concatenar las primeras diez decenas, de manera de obtener una matriz de números como la que se observa en la figura 2.10.

3. A partir de esta disposición de números, sabemos que los de la segunda fila se obtienen sumando el correspondiente número natural que indica la columna en que está dicho número, + 10.

4. Usando el carácter recursivo de la suma podremos deducir que los números de la k-ésima fila (con $k = 2, 3, \ldots, 10$) se obtienen sumando el número natural que indica la columna en que está dicho número más k números diez. Así, por ejemplo, el 55 está en la quinta fila (luego, $k = 5$) y en la quinta columna:

$$55 = 5 + 5 \times 10,$$

   donde 5×10 lo interpretamos como la concatenación de cinco 10.

5. Este procedimiento podemos repetirlo una vez que sepamos cómo decidir si un número entre 1 y 100 es par o impar.

6. Por lo tanto, si sabemos la paridad e imparidad de los primeros diez números naturales, entonces la paridad o imparidad de los segundos 10 números naturales (del 11 al 20) podrá ser deducida cuando sepamos decidir la veracidad o falsedad de las siguientes seis proposiciones:

(a) Si sumamos dos números pares obtenemos un número par.

(b) Si sumamos dos números pares obtenemos un número impar.

(c) Si sumamos un número par con un número impar obtenemos un número impar.

(d) Si sumamos un número par con un número impar obtenemos un número par.

(e) Si sumamos dos números impares obtenemos un número par.

(f) Si sumamos dos números impares obtenemos un número impar.

Es importante recalcar el aspecto nuevo que acabamos de introducir en esta discusión: así como nos preguntábamos qué objeto aritmético obteníamos al sumar dos números naturales, ahora nos estamos haciendo una pregunta *análoga*, a saber, qué objeto aritmético obtenemos si sumamos pares, o impares, o pares con impares. *Ya* sabemos que obtendremos un número natural; lo que queremos saber es si dicho número es par o impar. Digamos de paso que la definición 2.4.1 la introdujo Euclides en sus *Elementos de la geometría*, Libro VII, definiciones 6 y 7.

2.4.1. Comencemos decidiendo la imparidad y paridad de los primeros diez números naturales

Partamos aplicando la definición 2.4.1 a los primeros diez números naturales. Tus estudiantes podrán concluir lo siguiente:

Número	Representación	Decisión
1	/ • /	impar
2	• / •	par
3	• / • / •	impar
4	• • / • •	par
5	• • / • / • •	impar
6	• • • / • • •	par
7	• • • / • / • • •	impar
8	• • • • / • • • •	par
9	• • • • / • / • • • •	impar
10	• • • • • / • • • • •	par

2.4.2. Continuemos sumando *dos* números pares

Usemos nuestra escritura simbólico-concreta y comencemos sumando los dos números pares, que llamaremos A y B, representados en la figura 2.14; aquí, la barra / que separa las dos mitades de un número par la hemos sustituido por un espacio en blanco. La suma de estos dos números, es decir, su concatenación, resulta en un número cuya parte izquierda consiste en la concatenación de las partes izquierdas de cada uno de los números pares A y B, mientras que su parte derecha consiste en la concatenación de las partes derechas de los números pares A y B. Es muy relevante que *no* sumes como estás habituado, sino que *mires* las representaciones figurativas y obtengas la caracterización del número que resulta de concatenar dos números pares.

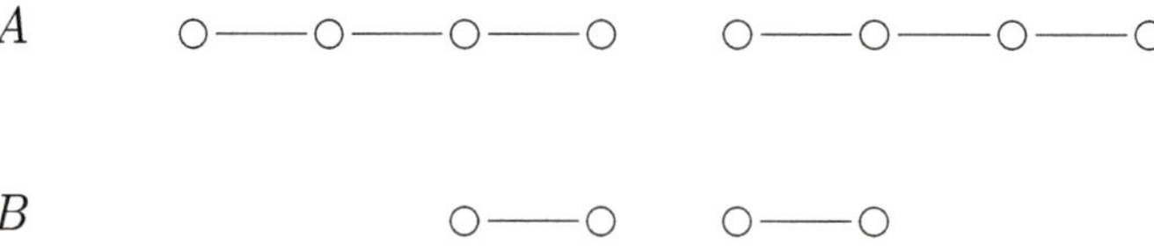

Figura 2.14: Representación de la suma de dos números pares

De esta manera hemos demostrado un primer resultado, que llamaremos *teorema*:

Teorema 2.4.1 *La suma de dos números pares es un número par.*

Comenta el razonamiento y enfatiza el hecho de que están realizando un salto con el uso de los símbolos: en vez de sumar para averiguar la veracidad de la proposición, lo que hacen es entender la definición de número par y aplicarla a la suma de dos números pares.

Nota 2.4.1 Antes de seguir, añadamos una nueva palabra a nuestro vocabulario: *teorema*. Esta es una transliteración del término griego $\theta\epsilon\acute{\omega}\rho\eta\mu\alpha$ –léase *zeórema*–. Proviene del verbo griego $\theta\epsilon\omega\rho\epsilon\tilde{\iota}\nu$ –léase *zeoréin*–, que significa *contemplar con interés*. Por otro lado, la preposición $\mu\alpha$ –léase *ma*– significa *el objeto o resultado de una acción*. Por lo tanto, *teorema* ($\theta\epsilon\acute{\omega}\rho\eta\mu\alpha$) significa *lo que resulta después de haber contemplado con atención*. Ciertamente, si tú y tus alumnos *miraron con atención* la disposición de la figura 2.14, entonces han llegado a un resultado como fruto de esa acción: que la suma de dos números pares es un número par. ¡Eso es un teorema!

Apliquemos el teorema que acabamos de deducir a la segunda fila de números de la figura 2.10. Podemos concluir que

$$\begin{aligned} 12 &= 10 + 2, && \text{es decir, un número par;}\\ 14 &= 10 + 4, && \text{es decir, un número par;}\\ 16 &= 10 + 6, && \text{es decir, un número par;}\\ 18 &= 10 + 8, && \text{es decir, un número par;}\\ 20 &= 10 + 10, && \text{es decir, un número par.} \end{aligned}$$

Estas deducciones ya no requieren nuestra representación figurativa de los números pares. Evidentemente podemos aplicar este mismo razonamiento a la tercera fila de la figura 2.10, y deducir, por ejemplo, que 22 es un número par puesto que $22 = 20 + 2$ y ya hemos establecido que 20 es un número par. Pero a partir de esto podemos conjeturar un resultado más. En efecto,

$$22 = 10 + 10 + 2,$$

donde 10 y 2 son pares. Luego, la conjetura sería que sumar *cualquier cantidad* de números pares da como resultado un número par. Lo importante aquí es que la cantidad de sumandos puede a su vez ser par o impar.

2.4.3. Sumemos más de dos números pares

Bueno, analicemos esta conjetura, para lo cual sigamos *contemplando con atención* nuestras piedrecitas, sumando cuatro números pares, denotados por A, B, C y D; ver figura 2.15. La deducción que hemos desarrollado para obtener el teorema 2.4.1 la podemos utilizar de la siguiente manera:

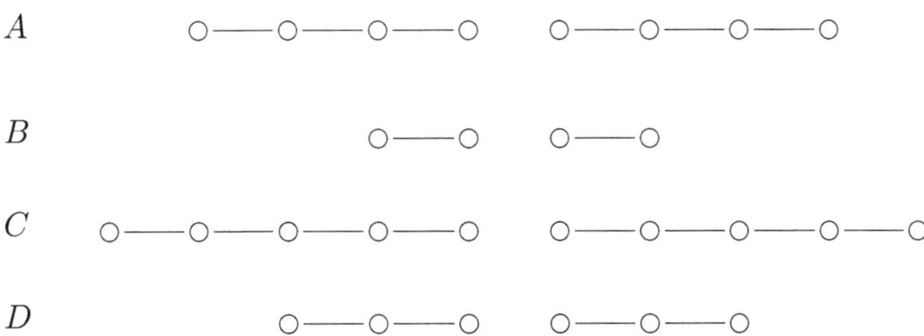

Figura 2.15: Representación de la suma de cuatro números pares

PASO 1: Sabemos, por el teorema 2.4.1, que si sumamos dos números pares obtenemos un número par. Por lo tanto, la suma de A y B, que denotamos por $A + B$, es un número par.

PASO 2: Nuevamente aplicamos el mismo razonamiento que hemos utilizado para deducir el teorema 2.4.1, por lo que la suma de $A + B$ –que es un número par por el paso anterior– con C es nuevamente un número par. Este nuevo número par lo denotamos como $(A + B) + C$.

PASO 3: Nuevamente aplicamos la misma deducción anterior, por lo que la suma de los números pares $(A + B) + C$ y D es un número par.

Lo que hemos hecho es utilizar el carácter recursiva del teorema 2.4.1; los paréntesis usados arriba sirven para señalar este aspecto. Por lo tanto, los tres pasos que hemos ilustrado no son más que un ejemplo del procedimiento que llamamos *contar*: establecemos que la suma de dos números pares es un número par, y luego este número par lo sumamos al siguiente para volver a obtener un número par... Con esto podemos establecer el siguiente teorema:

Teorema 2.4.2 *La suma de cualquier cantidad de números pares es un número par.*

Este teorema es *válido para la suma de cualquier cantidad de números pares: dos, tres, cuatro, etc.* La deducción anterior es un ejemplo del principio de inducción que hemos establecido en la sección 1.3 (ver p. 14). Hay que preguntarse y preguntarles a los alumnos qué tipo de deducción hemos hecho. La respuesta es que aprendimos a establecer el siguiente tipo de argumentos:

1. Primero, establecimos el resultado o teorema para la suma de *dos* números pares.

2. Luego, para la suma de *tres* números pares, para lo cual *utilizamos el resultado establecido para la suma de dos números pares.*

3. Después, lo establecimos para la suma de *cuatro* números pares, para lo cual *utilizamos el resultado para la suma de tres números pares.*

4. Y así *ad infinitum.*

Esto significa que si preguntamos por la validez del teorema 2.4.2 para la suma de, digamos, 100 números pares, podemos afirmar que el resultado es un número par *porque para establecerlo debemos hacer uso del resultado para la suma de 99 números pares* y así hasta llegar a la suma de dos números pares. En otras palabras, el teorema refleja la construcción de los números naturales.

2.4.4. ¿Y qué ocurre si sumamos un número impar y otro par?

Ahora necesitamos estudiar qué pasa si sumamos un número par con un número impar, pues de esta manera podremos deducir la imparidad o paridad de la segunda fila de números naturales de la figura 2.10. Consideremos dos números, uno par llamado A y otro impar llamado B, tal y como se representan en la figura 2.16:

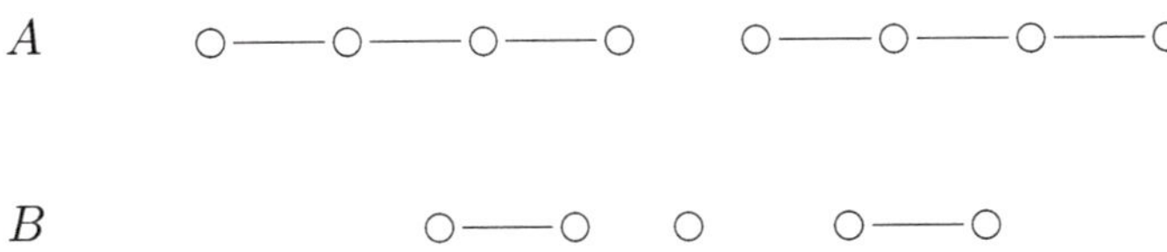

Figura 2.16: Representación de la suma de un número par con un número impar

Para sumar A y B trasladamos las piedrecitas que están al lado derecho de B, al lado derecho de A; y las que están al lado izquierdo de B, al lado izquierdo de A, obteniendo la figura 2.17. Está claro que A' es un número par y B', un impar. Luego, si se traslada la unidad B' al centro de A' se obtiene un número impar. Puesto que $A' + B' = A + B$, resulta que la suma de un impar y de un par es un número impar:

Teorema 2.4.3 *La suma de un número par y un número impar es un número impar.*

Aplicando este teorema a la segunda fila de números de la figura 2.10, concluimos que $11 = 10 + 1$ es un número impar; que $13 = 10 + 3$ es un número impar, y así hasta $19 = 10 + 9$ es un número impar. Ya que las restantes filas se obtienen sumando 10 (que es un número par), resulta que $21 = 20 + 1 = 10 + 10 + 1$ es un número impar, y así sucesivamente.

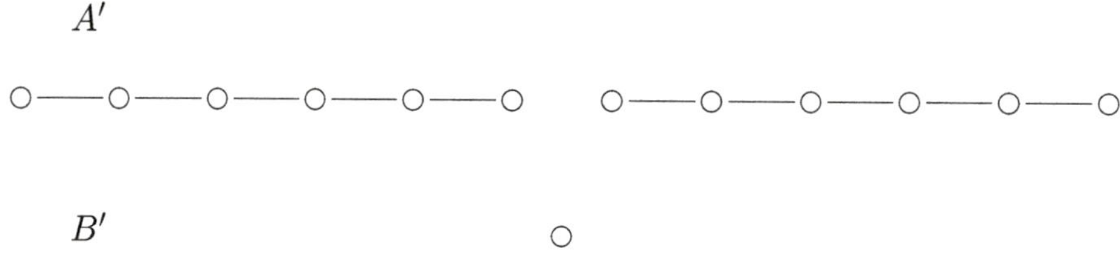

Figura 2.17: Representación de la suma de un número par con un número impar

2.4.5. ¿Es exhaustiva la descomposición de los números naturales en números pares e impares?

Aristóteles, en su *Metafísica*[7], nos proporciona valiosa información acerca de lo que pensaban los pitagóricos en relación a los números. Así, por ejemplo, nos dice que

> *Parece que ellos piensan que el número es principio que constituye no solo la materia de las cosas que son, sino también sus propiedades y disposiciones,* y que los elementos del número son lo par e impar, *limitado aquél e ilimitado éste.*

Centremos nuestra atención en lo que hemos destacado: que los elementos de los números son lo par e impar. Los pitagóricos sostenían que el ser (lo que existe) se entiende en términos de dualidades. Esto se debe fundamentalmente al hecho de que ellos consideraban que el principio de todo lo que existe son los números, que a su vez manifiestan una primera dualidad: par-impar. Hay otro griego, llamado Filolaus, que lo decía en estos términos:

> *Lo par e impar son las dos formas propias de los números.*

Estas consideraciones asumen que cualquier número natural es par o impar. ¿Cómo podemos verificar esta afirmación? Para demostrar constructivamente su veracidad o falsedad, las siguientes preguntas son apropiadas:

[7] 985b-986a.

(1) ¿Existe un número natural que sea par e impar a la vez?

(2) ¿Existe algún número natural que no sea ni par ni impar?

(3) Supongamos que solo tenemos los números pares junto a la suma. ¿Podemos obtener todos los números naturales?

(4) Supongamos que solo tenemos los números impares junto a la suma. ¿Podemos obtener todos los números naturales?

Examinemos cada una de estas preguntas:

1. ¿Existe un número natural que sea par e impar a la vez? Para responder tenemos que establecer un diálogo entre dos personas, un proponente y un oponente. El diálogo tendría la siguiente estructura:

PROPONENTE: Existe al menos un número natural que es par e impar a la vez.

OPONENTE: ¿Es verdad para 1?

PROPONENTE: Usando la definición de número par (ver definición 2.4.1), 1 no la satisface; usando la definición de número impar, 1 la satisface. Por tanto, la afirmación no es válida para 1. Más aun, usando la igualdad

número impar = número par + 1

establecida en la p. 40, concluiríamos que

$$2 = 1,$$

lo cual es falso, pues el 2 se obtiene al concatenar dos barras | |.

OPONENTE: ¿Es verdad para un número natural n?

PROPONENTE: Usando la misma igualdad, si n es impar entonces

$$n = n + 1,$$

lo cual no es verdad porque $n+1$ se construye a partir de n al añadirle una barra |.

Por lo tanto, tanto el oponente como el proponente han conseguido algo en común, a saber, que la proposición de que existe al menos un número natural que sea par e impar a la vez es falsa, lo cual se ha podido deducir gracias a la regla básica subyacente a la construcción de los números naturales (ver p. 30).

2. ¿Existe algún número natural que no sea ni par ni impar? Nuevamente, establezcamos un diálogo:

PROPONENTE: Todo número natural o es par o es impar.

OPONENTE: ¿Es cierto para 1?

PROPONENTE: 1 satisface la definición de número impar (ver definición 2.4.1).

OPONENTE: ¿Es cierto para 2?

PROPONENTE: 2 satisface la definición de número par (ver definición 2.4.1).

OPONENTE: ¿Es cierto para 3?

PROPONENTE: Acabamos de probar que el 1 es impar y el 2 es par. Aplicando el teorema 2.4.3 deducimos que 3 es impar.

OPONENTE: ¿Es cierto para 4?

PROPONENTE: Acabamos de probar que el 3 es impar y el 1 es impar. Aplicando el teorema 2.4.4 deducimos que 4 es par.

Este diálogo es equivalente a aplicar los teoremas 2.4.3 y 2.4.4 a los números naturales que se construyen utilizando las reglas básicas discutidas en la p. 30. Por lo tanto, proponente y oponente han ganado una proposición verdadera: todo número natural es par o impar.

3. Supongamos que solo tenemos los números pares, además de la adición o suma. ¿Podemos construir los números naturales? Sabemos (ver teorema 2.4.2) que si sumamos *cualquier* cantidad de números pares, siempre obtendremos un número par. Por lo tanto, no podríamos construir los números naturales.

4. Supongamos que solo tenemos los números impares, además de la adición o suma. ¿Podemos construir los números naturales? Sabemos (ver teorema 2.4.4) que si sumamos dos números impares obtenemos como resultado un número par. Además, los números naturales son pares o impares. Por lo tanto, podemos construir todos los números naturales.

2.4.6. ¿Qué ocurre si sumamos números impares?

Hasta ahora hemos sumado números pares con números pares, y números impares con números pares. Estas mismas combinaciones sugieren explorar qué ocurre cuando sumamos solo números impares.

> Hemos sumado pares con pares, y obtenemos un número par. Hemos sumado pares con impares, y obtenemos un número impar. ¿Qué combinación hace falta estudiar? La suma de números impares.

Con la experiencia obtenida anteriormente, puedes inquirir qué opinan tus estudiantes. Probablemente recibas dos opiniones:

1. Si sumamos números impares, obtendremos un número impar.
2. Si sumamos números impares, obtendremos un número par.

La primera opinión ciertamente corresponde a un "razonamiento por analogía" con los teoremas 2.4.1 y 2.4.2. Sin embargo, más de algún estudiante debería hacer notar que si se suman dos números impares, como por ejemplo el 3 y el 5, el resultado es un número par; y si se suman tres números impares, como por ejemplo el 3, el 5 y el 7, se obtiene un número impar. Este ejemplo –y otras situaciones simbólicas que proporcionen los estudiantes– deben estar dirigidos a reformular la pregunta inicial y llegar a establecer las siguientes preguntas:

> ¿Qué tipo de objeto aritmético se obtiene si sumamos una cantidad par de números impares?
>
> ¿Qué tipo de objeto aritmético se obtiene si sumamos una cantidad impar de números impares?

Preguntar de esta manera significa realizar un avance más en nuestro aprendizaje de la aritmética, a saber, poder distinguir entre una cantidad de sumandos *pares* y una cantidad de sumandos *impares*. Es muy importante insistir en que este tipo de preguntas se mueve dentro del esquema definido por los objetos bajo estudio (números pares y números impares) para así poder deducir qué propiedad satisface la suma de números impares. Consideremos los cuatro números impares de la figura 2.18. Nuestro objetivo es deducir si la suma de estos cuatro números es par o impar, pero ¡*sin* realizar la operación *suma* a la que estamos habituados! Para ello tenemos que apoyarnos en la *definición* de nuestros objetos aritméticos –los números pares e impares–, esto es, *mirar* atentamente la figura 2.18.

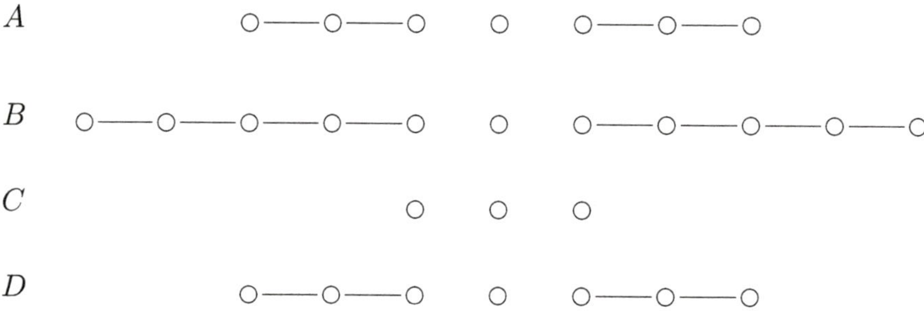

Figura 2.18: Representación de cuatro números impares

Una pregunta que *sugiera* alguna deducción por parte de tus estudiantes podría ser la siguiente:

> Consideren un número impar. Sabemos, por definición, que una unidad al centro de la fila divide dicho número en dos partes. ¿Cómo son esas partes?

Notemos que estamos preguntando por una *comparación cualitativa* y, por tanto, tenemos que responder diciendo que son *iguales* o *desiguales*. La respuesta es, entonces, que al *sacar* la unidad central de un número impar resulta que sus partes derecha e izquierda son iguales, es decir, obtenemos un número par.

Antes de seguir, resumamos este hallazgo en una proposición, pero preguntándonos por lo que ocurre con la unidad: ¿es un número par o un número impar? Según la definición 2.13, la unidad sería un número impar, pues *no* puede ser dividido en dos partes iguales. Y como *no* hemos introducido el *cero* –¡aunque sí lo hicieron los mayas!– entonces establecemos la siguiente proposición:

Proposición 2.4.1 *Si a un número impar mayor que 1 le quitamos una unidad, obtenemos un número par.*

Nota 2.4.2 Nos hemos encontrado con una nueva palabra que tenemos que añadir a nuestro vocabulario: *proposición*. Proviene del latín *propositio*, que a su vez está compuesta por el prefijo *pro* (que significa *delante de*) y el sustantivo *positio* (que significa *posición, situación*, de donde nace *tema*: lo que se pone para ser considerado en una discusión). Por lo tanto, *proposición* significa *lo que ponemos por delante*. En Matemática se acostumbra a resumir resultados en proposiciones cuando los mismos son hallazgos importantes, pero no relevantes como un teorema. Si jerarquizáramos la relevancia de los resultados matemáticos, entonces el más importante sería consignado en un teorema, el siguiente, en una proposición.

Hagamos, por tanto, lo que hemos aprendido: saquemos las unidades centrales de los números impares de la figura 2.18. Obtenemos así cuatro números pares, que los llamamos A', B', C' y D'. ¿Qué tipo de número obtenemos si concatenamos las piedrecitas centrales que sacamos de nuestros cuatro números pares? Puesto que estamos sumando una cantidad *par* de números impares, lo que obtenemos es un número par. Llamémoslo E y añadámoslo a la lista de números pares de la figura 2.19. Por otro lado, sabemos por nuestro teorema 2.4.2 que la suma de números pares es un número par. Por lo tanto, la suma $A' + B' + C' + D' + E$ es un número par.

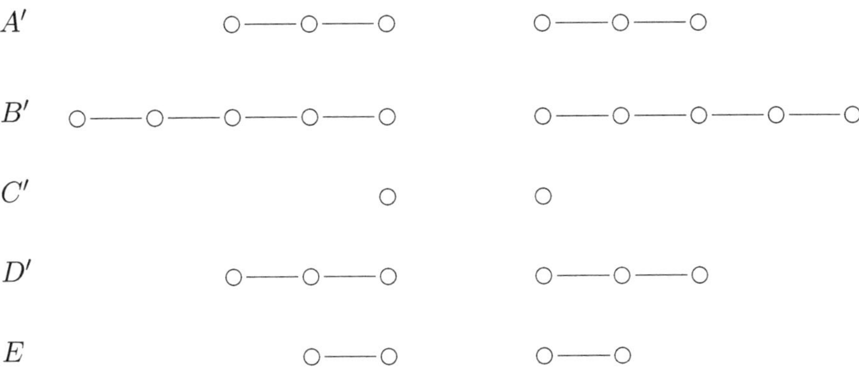

Figura 2.19: Representación de los cuatro números impares de la figura 2.18 en términos de cinco números pares

Para finalizar nuestra deducción es muy importante preguntar por qué la suma $A' + B' + C' + D' + E$ es igual a la suma $A + B + C + D$. La idea es responder a esta pregunta *sin* realizar la operación *suma* a la cual estamos habituados. La respuesta es que hemos hecho una transformación entre la configuración 2.18 y la configuración 2.19 *sin quitar ni añadir unidades adicionales*. Por lo tanto, la cantidad de piedrecitas que hay en la figura 2.18 es la *misma* que la cantidad de piedrecitas que hay en la figura 2.19. Hemos obtenido entonces otro teorema:

Teorema 2.4.4 *Si sumamos una cantidad par de números impares obtenemos un número par.*

Dejamos planteado el siguiente problema, que puede servir para evaluar cómo tus alumnos, o tú mismo, han aprendido a deducir la veracidad de una proposición a partir de reglas iniciales:

> Deduzcan que si sumamos una cantidad *impar* de números impares obtendremos un número impar.

2.4.7. ¿Qué ocurre si restamos números pares e impares?

La mejor conjetura y, por tanto, la mejor estrategia de razonamiento deductivo es partir restando dos números cuya *paridad* sea la misma. Decimos que dos números tienen la *misma paridad* si ambos o son números pares, o son números impares. Comencemos restando dos números pares. Apoyemos nuestro razonamiento en los números pares A y B representados en la figura 2.20.

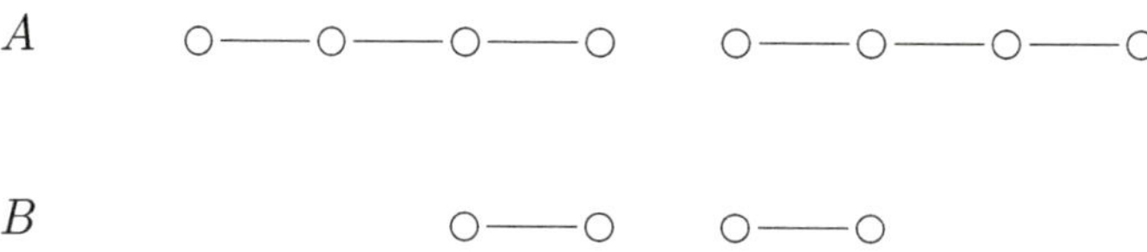

Figura 2.20: Sustracción de dos números pares

Para realizar la sustracción entre A y B, unamos las piedrecitas de A con B, tal y como se muestra en la figura 2.21. La sustracción se realiza una vez que se sacan las piedrecitas (o unidades) unidas de esa manera. Por lo tanto, queda la misma cantidad de piedrecitas a la derecha y a la izquierda, por lo que el resultado es un número par. Hemos encontrado un nuevo teorema:

Teorema 2.4.5 *Si hacemos la sustracción de dos números pares obtenemos un número par.*

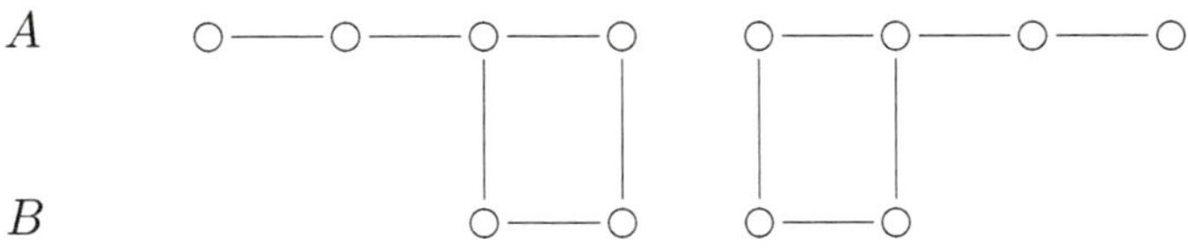

Figura 2.21: Sustracción de dos números pares

Si continuamos observando la figura 2.21 podremos deducir que la sustracción de dos números impares es un número par. Dejamos como desafío explicitar los detalles de esta observación.

Tenemos dos resultados similares. La pregunta es cómo resumirlos en un solo teorema. Lo que se espera de tus alumnos es que recuerden la convención introducida al inicio de esta sección, a saber, que dos números tienen la misma paridad si son ambos pares o ambos impares. El teorema al que hay que llegar debe decir algo como esto:

Teorema 2.4.6 *Si restamos dos números de igual paridad obtenemos un número par.*

La relevancia de obtener este último teorema no solo está en el hecho de enunciar una proposición verdadera, sino que además motiva una nueva pregunta:

¿Qué ocurre si restamos números de paridad distinta?

Es decir, ¿qué objeto aritmético obtenemos si restamos un número par con uno impar, o si restamos un número impar con uno par? Dejamos esta pregunta planteada para que la puedan desarrollar de forma de obtener una nueva proposición verdadera como la siguiente:

Teorema 2.4.7 *Si restamos dos números de paridades opuestas obtenemos un número impar.*

En la discusión anterior *siempre* hemos supuesto que al restar dos números, el primero es mayor que el segundo.

2.5. ¡Aprendamos a multiplicar!

Aprender a multiplicar significa *entender* el proceso que llamamos *contar*. Volvamos a leer las palabras del matemático intuicionista Brouwer enfatizando esta vez otro de sus elementos:

> *"Uno, dos, tres,...", conocemos de memoria la secuencia de estos sonidos como una fila sin fin, es decir, que continúa por siempre de acuerdo a una ley que se sabe es fija.*
>
> *Al lado de esta secuencia de sonidos-imágenes poseemos otra secuencia que procede de acuerdo a una ley fija, por ejemplo, la secuencia de los signos escritos 1, 2, 3...*
>
> *Estas cosas son intuitivamente claras.*

Nuestro desafío consiste en construir las reglas que nos permitan definir la *multiplicación*. Así como construimos, de manera recursiva, la adición a partir de las reglas básicas de construcción de números naturales, así también vamos a construir la definición de multiplicación, siempre de manera recursiva, a partir de la adición. Es necesario entonces comenzar por una definición inicial, a saber, que cualquier número natural a multiplicado por 1 da como resultado a:

Regla inicial de la multiplicación:

$$a \cdot 1 = a$$

Estamos utilizando el signo $\cdot$ para denotar la multiplicación, de manera que $a \cdot b$ lo leeremos como *a multiplicado por b*.

A esta definición se enlaza ahora una cadena de definiciones para la multiplicación. Es esta misma cadena la que debes usar para explicar en qué consiste la multiplicación de números naturales. Cada fórmula constituye una definición relacionada con la precedente:

$$\begin{array}{llcl} \text{Definición 2:} & a \cdot 2 & = & a + a \\ \text{Definición 3:} & a \cdot 3 & = & a \cdot 2 + a \\ \text{Definición 4:} & a \cdot 4 & = & a \cdot 3 + a \\ \text{Definición 5:} & a \cdot 5 & = & a \cdot 4 + a \\ \text{Definición 6:} & a \cdot 6 & = & a \cdot 5 + a \\ & \vdots & & \end{array}$$

La definición 2 dice que a multiplicado por 2 corresponde a realizar la adición $a + a$. La definición 3 dice que a multiplicado por 3 es igual a sumar a multiplicado por 2 más a, y así *ad infinitum*. Como ejercicio resulta útil aplicar la definición para generar, por ejemplo, la tabla del 3.

Como regla general para la construcción de esta cadena de definiciones podemos formular la siguiente indicación de procedimiento:

Regla general de la multiplicación:

$$a \cdot (b + 1) = a \cdot b \; + \; a$$

Advertencia: Esta formulación *no corresponde a la distributividad del producto con respecto a la suma.* Es solo una regla normativa recursiva.

2.5.1. Las propiedades de la multiplicación

Así como establecimos figurativamente la conmutatividad y asociatividad de la adición (ver sección 2.2.5), podemos establecer tres leyes de la multiplicación: para todos los números naturales a, b y c

Ley conmutativa: $a \cdot b = b \cdot a$

Ley distributiva: $a \cdot (b + c) = a \cdot b + a \cdot c$

Ley asociativa: $a \cdot (b \cdot c) = a \cdot (b \cdot c)$

Ilustremos figurativamente la conmutatividad, dejando como desafío establecer la distributividad y la asociatividad[8]. Usando piedrecitas, la conmutatividad de la multiplicación se puede representar de la siguiente manera:

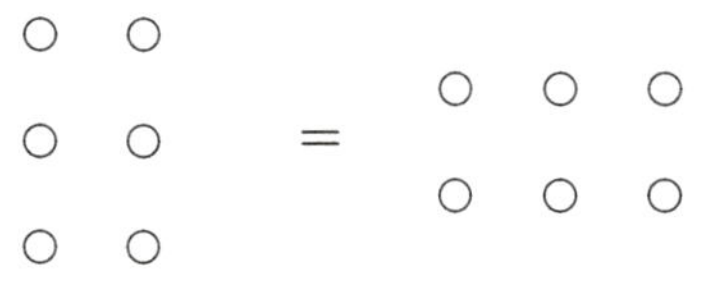

$$\begin{array}{cc} \circ & \circ \\ \circ & \circ \\ \circ & \circ \end{array} \quad = \quad \begin{array}{ccc} \circ & \circ & \circ \\ \circ & \circ & \circ \end{array}$$

Figura 2.22: Representación de la conmutatividad de la multiplicación

Así, $3 \cdot 2 = 2 \cdot 3$. Cuando resolvemos $3 \cdot 2$, lo que hacemos es $3 \cdot 1 + 3$, mientras que cuando resolvemos $2 \cdot 3$, lo que hacemos es $((2 \cdot 1) + 2) + 2$. Dos procedimientos distintos que producen el *mismo* número natural.

Teniendo en cuenta la ley conmutativa de la multiplicación, pregunta a tus alumnos lo siguiente:

> Ya que aprendimos que la multiplicación es conmutativa, ¿estiman que sea posible simplificar en algún grado las tablas de multiplicar?

La idea es que las tablas las escriban más o menos así:

$$\begin{array}{ccccc}
1 \cdot 1 = 1 & 2 \cdot 1 = 2 & 3 \cdot 1 = 3 & 4 \cdot 1 = 4 & \cdots \\
\vdots & 2 \cdot 2 = 4 & 3 \cdot 2 = 6 & 3 \cdot 3 = 9 & \cdots \\
\vdots & \vdots & 4 \cdot 2 = 8 & 3 \cdot 4 = 12 & \cdots \\
\vdots & \vdots & \vdots & 4 \cdot 4 = 16 & \cdots \\
\vdots & \vdots & \vdots & \vdots & \vdots
\end{array}$$

Aprender la conmutatividad significa adquirir una primera noción de simetría, lo cual permite simplificar la tabla de multiplicar. Dicho de otra manera, en vez de construir 100 multiplicaciones (las tablas del 1 al 10), basta con construir 55. Pregunta:

[8] En los apéndices de la parte V encontrarás demostraciones constructivistas de algunas de estas propiedades.

¿Cómo sabemos que basta con construir 55 multiplicaciones? Para responder a esta pregunta, consideremos un cuadrado compuesto por 100 círculos, 10 círculos por lado. Verifiquen que la cantidad de círculos que hay bajo la diagonal principal, sumada a los círculos que hay en la diagonal principal, es igual a 55. ¿Pueden generalizar este cálculo para cualquier cuadrado que tenga n círculos por lado?

2.5.2. Multiplicación de números pares e impares

Ahora que sabemos multiplicar, retornemos a los números pares e impares proponiendo la siguiente pregunta:

¿Qué objeto aritmético obtenemos si multiplicamos números pares?

Para responder tenemos que usar los resultados que ya hemos adquirido. Comencemos multiplicando dos números pares A y B. Para saber si obtenemos un número par o impar, hagamos los siguientes razonamientos:

1. $A \cdot B$ significa, según las definiciones recursivas de la multiplicación, que sumamos A una cantidad B de veces.
2. Luego, al aplicar el teorema 2.4.2 obtenemos la siguiente conclusión: puesto que A es un número par, al sumarlo una cantidad B de veces, obtenemos un número par.

Antes de resumir nuestra construcción, podrías decir a tus alumnos que den un paso más. ¿Por qué pueden hacerlo? Porque el teorema 2.4.2 afirma que la suma *cualquiera* de números pares es par. Por lo tanto, el número B puede ser impar. Así, obtenemos el siguiente corolario:

Corolario 2.5.1 *Si multiplicamos un número par por cualquier número, obtenemos un número par.*

A esta altura, dejamos planteado lo siguiente:

Si multiplicamos dos números impares obtenemos un número impar.

Nota 2.5.1 Nos encontramos con una nueva palabra que añadir a nuestro vocabulario: *corolario.* Boecio traduce el griego πόρισμα –léase *pórisma*– al latín *corollarium.* La palabra griega πόρισμα proviene del verbo πορίζω –léase *porídso*–, que significa *hacer pasar alguna cosa a alguien.* De ahí entonces que πόρισμα signifique *una consecuencia inmediata de un teorema.* La idea es que el teorema del cual se desprende el corolario "traspasa un resultado" al corolario.

2.6. La teoría pitagórica de los números figurados

Una segunda área de interés para los pitagóricos, y en la cual el método de las piedrecitas resultó fecundo, es el estudio de lo que hoy llamamos *números figurados.* Se llamaban así porque al representarlos figurativamente con piedrecitas se obtenían triángulos, cuadrados, rectángulos, pentágonos, etc., tal y como se puede apreciar en la figura 2.23.

Figura 2.23: Números figurados

Como en el caso de los números pares e impares, la representación figurada resultará fundamental para deducir propiedades de los números figurados.

Retomemos una de las primeras preguntas que hicimos cuando introdujimos la adición de números naturales: ¿qué se obtiene cuando se suman dos números naturales? *Un número natural* es la respuesta. Cuando estudiamos las propiedades de los números pares e impares, las preguntas que hicimos tenían el mismo tenor: ¿qué paridad posee el número que resulta al sumar números pares? o ¿cuál es la paridad del número que resulta al sumar números impares?, etc.

El aspecto *común* de estas preguntas consiste en saber si al concatenar números con determinadas propiedades, el número natural que se obtiene satisface la misma propiedad. Pero esto supone un procedimiento constructivo que permita obtener una sucesión de números naturales con una determinada propiedad. El primer desafío será inducir reglas para generar números figurados. Una vez que las tengamos, el segundo desafío será establecer las propiedades que dichos números satisfacen.

2.6.1. Construcción de los números triangulares

Hemos aprendido que los números naturales se pueden representar concretamente por medio de piedrecitas. Este aspecto concreto permite generar secuencias de piedrecitas de modo que siempre se repita una determinada figura geométrica. De esta manera podemos *clasificar* diferentes tipos de números, igual como lo hicieron los pitagóricos.

Comencemos por analizar los números representados en la figura 2.24. Se trata de los llamados *números triangulares*, los cuales se construyen de la siguiente manera:

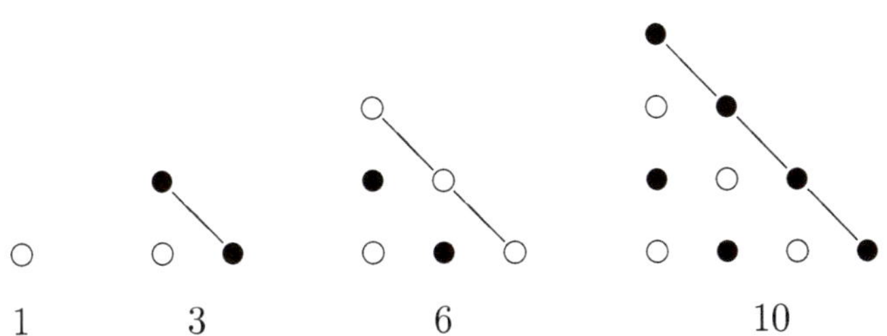

Figura 2.24: Números triangulares

1. Se comienza por la unidad.

2. A la unidad se añaden dos piedrecitas unidas por una cuerda (tal como se representa en la figura 2.24); así se obtiene el número 3.

3. Al número 3 se añaden tres piedrecitas unidas por una cuerda, para así obtener el 6.

4. Al número 6 se añaden cuatro piedrecitas unidas por una cuerda, para así obtener el 10.

5. Y así *ad infinitum.*

El carácter recursivo de la construcción de los números triangulares es claro, pero es necesario hacerlo explícito:

¿Cómo describirías la construcción de los números triangulares?

La descripción que hemos hecho arriba puede enriquecerse. Para notar qué ocurre, volvamos a describir la construcción de los números triangulares enfatizando ciertos aspectos:

1. Se comienza por la unidad.

2. El *segundo* número triangular, a saber 3, es igual a la suma de la unidad más *dos.*

3. El *tercer* número triangular, a saber 6, es igual a la suma entre el segundo número triangular y *tres.*

4. El *cuarto* número triangular, a saber 10, es igual a la suma entre el tercer número triangular y *cuatro.*

¿Se aprecia la regla recursiva de construcción de los números triangulares? ¿Puedes escribir una regla general? Una respuesta posible es la siguiente:

(1) Se comienza por la unidad.

(2) Para $k \geq 2$, el k-ésimo número triangular es igual a la suma del $(k-1)$-ésimo número triangular con el número natural k.

También podemos escribir esta regla de forma simbólica:

> Denotemos por T_k el k-ésimo número triangular. Entonces:
>
> (1) $T_1 = 1$.
>
> (2) $T_k = T_{k-1} + k$ para $k \geq 2$.

Lo que debe recalcarse es que los números triangulares se construyen usando la secuencia de los números naturales.

Una última observación, que conlleva un desafío: en la figura 2.24, observemos el número triangular 10. Gracias a la recursividad de la construcción de estos números, en este mismo número 10 puede apreciarse el 6, el 3 y el 1: podríamos decir que los números están "encajonados". Observa ahora la figura 2.25: fíjate en los colores de las circunferencias. ¿Qué puedes concluir?

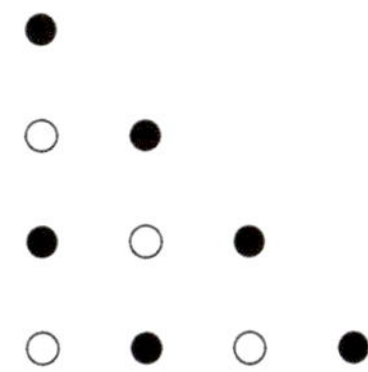

Figura 2.25: Número triangular 10

Tómate un momento de reflexión; desplieguen otros números triangulares; observen cómo los colores de nuestras circunferencias (que representan las piedrecitas de los neopitagóricos) se van alternando. Bueno, lo que se tiene es una secuencia de los números naturales. Así, por ejemplo, en el caso de 10, se tiene 1, 2, 3 y 4. Luego tenemos que

$$1 + 2 + 3 + 4 = 10$$

siendo 10 el *cuarto* número triangular. Razonando recursivamente, tenemos lo siguiente:

1. *Primer* número triangular 1: $1 = 1$.

2. *Segundo* número triangular 3: $3 = 1 + 2$.
3. *Tercer* número triangular 6: $6 = 1 + 2 + 3$.
4. *Cuarto* número triangular 10: $10 = 1 + 2 + 3 + 4$.
5. *Quinto* número triangular 15: $15 = 1 + 2 + 3 + 4 + 5$.
6. *Sexto* número triangular 21: $21 = 1 + 2 + 3 + 4 + 5 + 6$.
7. *Séptimo* número triangular 28: $28 = 1 + 2 + 3 + 4 + 5 + 6 + 7$.
8. Y así *ad infinitum*.

¡Qué tremenda conclusión! El k-ésimo número triangular es igual a la suma de los k primeros números naturales. Además de esta conclusión, que resumiremos en un teorema, se puede apreciar la ventaja de usar letras para expresar el resultado, pues si no, ¿cómo lo harías?

Teorema 2.6.1 *El k-ésimo número triangular corresponde a la suma de los k primeros números naturales.*

Dejemos un problema propuesto, que evidentemente utiliza este teorema:

¿Cuál es el 150-avo número triangular?

Según el teorema 2.6.1 hay que sumar los primeros 150 números naturales. Por tanto, la pregunta es cómo podemos hacer esta suma más eficiente. Más adelante responderemos a ella.

2.6.2. Construcción de los números cuadrados

Los otros números que estudiaron los pitagóricos son los *números cuadrados*. Se llaman así porque cuando se representan figurativamente, lo que se observa es un cuadrado, tal y como aparece en la figura 2.26.

Al igual que hicimos con los números triangulares, describamos lo que vemos en la figura 2.26:

1. Se comienza por la unidad.

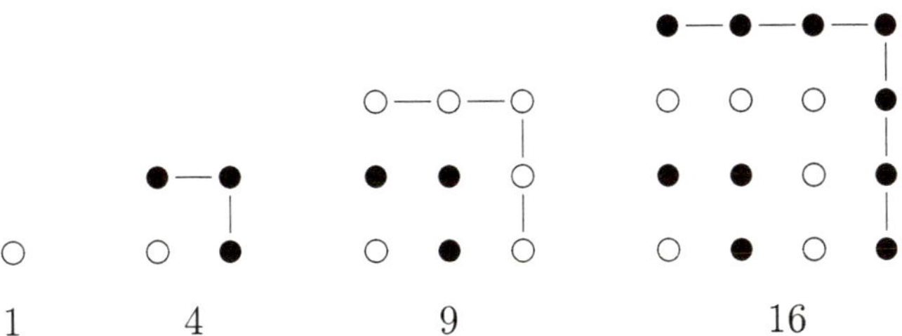

Figura 2.26: Números cuadrados

2. El *segundo* número cuadrado, a saber 4, es igual a la suma de la unidad más *tres*.
3. El *tercer* número cuadrado, a saber 9, es igual a la suma del segundo número cuadrado más *cinco*.
4. El *cuarto* número cuadrado, a saber 16, es igual a la suma del tercer número cuadrado más *siete*.
5. El *quinto* número cuadrado, a saber 25, es igual a la suma del cuarto número cuadrado más *nueve*.
6. Y así *ad infinitum*.

Bueno, la pregunta ya la adivinan:

¿Cómo describirían la construcción de los números cuadrados?

Mencionemos un par de cosas a propósito de la construcción figurativa de estos números. Cada vez que se construye un número natural se agregan piedrecitas en forma de una L invertida. A esta L los griegos la llamaban $\gamma\nu\acute{\omega}\mu\omega\nu$ –léase *gnomon*–. Un gnomon es la parte del reloj de sol que proyecta la sombra; ver figura 2.27. Originariamente, la palabra griega $\gamma\nu\acute{\omega}\mu\omega\nu$ (gnomon) –que significa *guía* y de ahí *maestro*– hacía referencia a un objeto alargado cuya sombra se proyectaba sobre una escala graduada para medir el paso del tiempo.

Euclides aplicaba el término *gnomon* a figuras geométricas, lo mismo que Aristóteles. Sin embargo, este último empleaba también el término en su

Figura 2.27: El gnomon es la pieza triangular de este reloj de sol

sentido aritmético: es la forma triangular del gnomon la que motiva el que llamemos a nuestra L invertida *gnomon*.

Para responder a nuestra pregunta, comencemos describiendo los gnomons que se utilizan para construir los números cuadrados:

1. El primer gnomon que se pone para formar el número cuadrado 4 tiene 3 piedrecitas.

2. El segundo gnomon que se pone para formar el número cuadrado 9 tiene 5 piedrecitas.

3. El tercer gnomon que se pone para formar el número cuadrado 16 tiene 7 piedrecitas.

4. El cuarto gnomon que se pone para formar el número cuadrado 25 tiene 9 piedrecitas.

5. Y así *ad infinitum*.

Pues bien, la secuencia de los gnomon es la siguiente:

$$3, \quad 5, \quad 7, \quad 9\ldots,$$

es decir, los *números impares*.

Ahora estamos en condiciones de describir la construcción de los números cuadrados de forma más concisa:

(1) Se comienza por la unidad.

(2) Para $k \geq 2$, el k-ésimo número cuadrado es igual a la suma del $(k-1)$-ésimo número cuadrado, con el k-ésimo número impar.

También podemos escribir esta regla de forma simbólica:

Denotemos por C_k el k-ésimo número cuadrado. Entonces:

(1) $C_1 = 1$

(2) $C_k = C_{k-1} + (2\,k - 1)$ para $k \geq 2$

En esta última formulación hemos utilizado la expresión $2k - 1$, que corresponde al k-ésimo número impar.

Ahora observemos el número cuadrado 16 de la figura 2.28. Los círculos del mismo color representan los gnomons que sucesivamente se concatenan para producir el número cuadrado 16. ¿A qué tipo de números corresponden estos gnomon? Pide a tus estudiantes que los listen, partiendo por el 1:

$$1, \quad 3, \quad 5, \quad 7$$

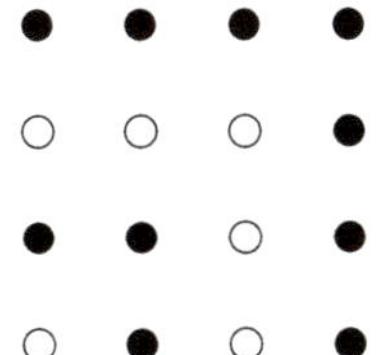

Figura 2.28: El número cuadrado 16

Son los números impares, como ya lo hemos mencionado. Por tanto, llegamos a la siguiente conclusión:

1. *Primer* número cuadrado: $1 = 1$.
2. *Segundo* número cuadrado: $4 = 1 + 3$.
3. *Tercer* número cuadrado: $9 = 1 + 3 + 5$.
4. *Cuarto* número cuadrado: $16 = 1 + 3 + 5 + 7$.
5. *Quinto* número cuadrado: $25 = 1 + 3 + 5 + 7 + 9$.
6. *Sexto* número cuadrado: $36 = 1 + 3 + 5 + 7 + 9 + 11$.
7. *Séptimo* número cuadrado: $49 = 1 + 3 + 5 + 7 + 9 + 11 + 13$.
8. Y así *ad infinitum*.

¿Qué concluimos? Que el k-ésimo número cuadrado es igual a la suma de los primeros k números impares. En un teorema, este resultado lo enunciamos así:

Teorema 2.6.2 *Para $k \geq 1$, el k-ésimo número cuadrado C_k se obtiene como*

$$C_k = 1 + 3 + \cdots + (2\,k - 1)$$

Recordemos que el k-ésimo número impar corresponde a $2\,k-1$. Igual que en el caso de los números triangulares, dejamos planteada la siguiente pregunta:

¿Cuál es el 100-avo número cuadrado?

Responder a esto significa, según el teorema 2.6.2, sumar desde el número impar 1 hasta el número impar $2 \cdot 100 - 1 = 199$. El problema, por tanto, es encontrar una forma eficiente de realizar dicha suma.

2.6.3. Construcción de los números rectangulares

Ya a esta altura ni a ti, estimado lector, ni a tus estudiantes, les sorprenderá saber de la existencia de los *números rectangulares*. Es claro que su representación figurativa asemeja a rectángulos. La única diferencia importante es que la secuencia de estos números *comienza en 2*, no en 1 como en

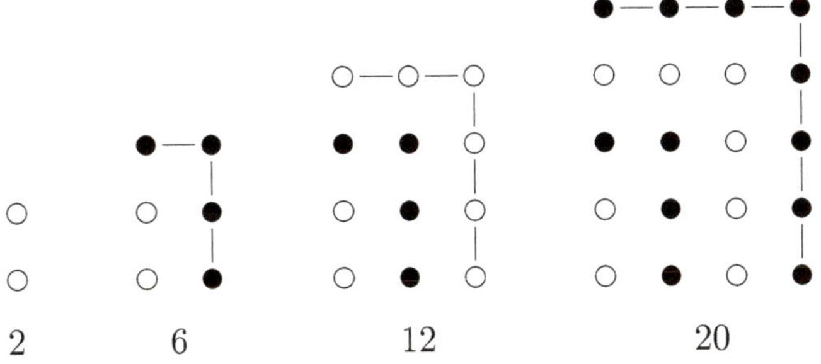

Figura 2.29: Números rectangulares

el caso de los números triangulares y cuadrados. La figura 2.29 muestra los primeros cuatro números rectangulares:

Podemos pedir conclusiones similares a las que hemos establecido para los números triangulares y cuadrados. Tal vez sea hora de evaluar a tus estudiantes: ¡hazlo con los números rectangulares! Considerando la figura 2.29, te proponemos plantear las siguientes preguntas:

1. Describe cómo se generan estos números utilizando los gnomons. Explica qué significa que tu descripción sea recursiva.
2. ¿Qué clase de números naturales representan estos gnomons?
3. Considera el número rectangular 20 y observa la secuencia de gnomon representada por la alternancia de colores. ¿Cómo se obtiene el número rectangular 20?

Las preguntas anteriores se responden usando la construcción figurativa de los números rectangulares, que corresponde a la siguiente norma recursiva:

Denotemos por R_k el k-ésimo número rectangular. Entonces:

(1) $R_1 = 2$

(2) $R_k = R_{k-1} + 2\,k$ para $k \geq 2$

Nota que aquí el k-ésimo gnomon utilizado para construir el k-ésimo número rectangular es el k-ésimo número par, que es igual a $2\,k$. Finalmente

Números naturales	**Números triangulares**	**Números cuadrados**	**Números rectangulares**
1	1	1	2
2	3	4	6
3	6	9	12
4	10	16	20
5	15	25	30
6	21	36	42
7	28	49	56
8	36	64	72
9	45	81	90
10	55	100	110
11	66	121	132
12	78	144	156
13	91	169	182
14	105	196	210
15	120	225	240

Cuadro 2.1: Visión de los primeros 15 números naturales, triangulares, cuadrados y rectangulares

podemos caracterizar los números rectangulares en términos de sumas de números pares consecutivos:

Teorema 2.6.3 *Para $k \geq 1$, el k-ésimo número rectangular R_k se obtiene como*

$$R_k = 2 + 4 + 6 + \cdots + 2\,k$$

2.6.4. Números figurados: una visión de conjunto

En esta sección queremos hacer tres cosas. La primera es mirar simultáneamente los números triangulares, cuadrados y rectangulares. Luego queremos resumir las definiciones de estos números siguiendo a los neopitagóricos e insistiendo en los aspectos recursivos. Finalmente queremos mencionar algunos aspectos de la visión que los pitagóricos tenían acerca de los números.

El cuadro 2.1 muestra los primeros quince números para cada uno de los tipos de números que hemos aprendido. Se puede apreciar que el 6 es un número triangular y rectangular, que el 36 es triangular y cuadrado. Es posible que, a primera vista, pueda sospecharse que los números figurados siempre son diferentes, pues cuando, por ejemplo, se tienen piedrecitas que forman un número triangular, con las mismas parece que no se puede formar un número cuadrado o uno rectangular. Pero ya hemos encontrado dos ejemplos que nos dicen lo contrario. Así es que vale la pena preguntarse por las relaciones entre los números figurados:

¿Cómo se relacionan entre sí los números cuadrados con los triangulares? ¿Y los cuadrados con los rectangulares? ¿Y los rectangulares con los triangulares?

Propón estas preguntas a tus alumnos; en las siguientes secciones responderemos a algunas de ellas.

Introduzcamos ahora las definiciones generales de estos números, teniendo en cuenta el siguiente aspecto: que se deben definir los números de manera que pertenezcan al mismo tipo. Partamos con el concepto de *gnomon*, recordando que los gnomon han sido utilizados para construir dos clases distintas de números figurados:

Definición 2.6.1 Un *gnomon* es un número que, añadido a otro término en una determinada clase de números figurados definidos recursivamente, produce el próximo miembro de la secuencia.

Introduzcamos ahora las definiciones de los números figurados:

Definición 2.6.2 Cuando el primer término de una clase de números figurados es la unidad, y los gnomon corresponden a la secuencia de números naturales comenzando por 2, la clase que se forma es la de los *números triangulares.*

Definición 2.6.3 Cuando el primer término de una clase de números figurados es la unidad, y los gnomon corresponden a la secuencia de números impares comenzando por 3, la clase que se forma es la de los *números cuadrados.*

Definición 2.6.4 Cuando el primer término de una clase de números figurados es 2, y los gnomon corresponden a la secuencia de números pares comenzando por 4, la clase que se forma es la de los *números rectangulares.*

En estas definiciones hay dos aspectos que es necesario enfatizar: la construcción *recursiva* de los números figurados y la *posición* que cada de ellos ocupa en las secuencias correspondientes. Para mostrar estos aspectos, te proponemos la siguiente actividad:

Considera la secuencia de los primeros 100 números naturales. La actividad consiste en generar un cuadro que tenga 100 filas y 6 columnas:

(1) La primera fila estará compuesta por los primeros 100 números naturales.

(2) En la segunda fila debe indicarse, cuando corresponda, la posición de los números pares.

(3) En la tercera fila debe indicarse, cuando corresponda, la posición de los números impares.

(4) En la cuarta fila debe indicarse, cuando corresponda, la posición de los números triangulares.

(5) En la quinta fila debe indicarse, cuando corresponda, la posición de los números cuadrados.

(6) En la sexta fila debe indicarse, cuando corresponda, la posición de los números rectangulares.

En los cuadros 2.3 y 2.4 se puede encontrar la respuesta. ¿Qué deducirías de ellos? Tal vez lo "lento" que progresan las secuencias de números a medida que se complican. Es solo una conjetura que bien podría estudiarse. Pero mantengámonos en el terreno de las conjeturas, que aún nos resta por aprender sobre los números figurados.

Los pitagóricos[9] consideraban los números como un principio universal. Todo lo que es tiene su principio en los números. Así, por ejemplo, afirmaban que tal propiedad de los números es la justicia, y tal otra es el alma y el entendimiento, y tal otra, el tiempo oportuno; veían en los números las propiedades y proporciones de las armonías musicales. El firmamento entero era para ellos número y armonía, pues los elementos de los números eran elementos de todo lo que existe. Esto explica por qué los pitagóricos

[9] Pitágoras nació en Samos el 570 a. C. y murió el 490 a. C. Huyó de la tiranía de Polícrates en el 580, llegando a Croton, en el sur de Italia. Cuando se le preguntó: ¿Qué es la filosofía? dijo: "La vida es como una reunión en el festival del Olimpo, ante la cual, habiendo sido puesto por delante diferentes modos de vida y ambientes, la gente viene en tropel con tres motivos. Para competir por la gloria de la corona, para comprar y vender, o como espectadores. Así, en la vida algunos están al servicio de la fama, y otros del dinero, pero la mejor elección es la de aquéllos que gastan su tiempo contemplando la naturaleza, y son amantes de la sabiduría".

La Tabla de los Opuestos	
finito	infinito
impar	par
unidad	pluralidad
derecha	izquierda
macho	hembra
en reposo	en movimiento
recto	curvo
luz	oscuridad
bien	mal
cuadrado	rectángulo

Cuadro 2.2: La tabla de los opuestos de los neopitagóricos tal y como la transmite Aristóteles en su *Metafísica*

se dedicaron a la aritmética, a estudiar las propiedades de los números. La dualidad observada en los pares e impares llevó a algunos neopitagóricos a proponer una tabla con diez opuestos, como se puede ver en el cuadro 2.2. Con lo que hemos aprendido hasta aquí podemos entender algunos elementos de esta tabla de los opuestos. Por ejemplo, ¿por qué están en la misma columna los números cuadrados con los impares, y los números rectangulares con los pares? Porque los números cuadrados se pueden obtener como suma de impares, mientras que los números rectangulares, como suma de pares.

También podemos entender por qué impar está en la misma columna que finito, mientras que par en la misma de infinito. Cuando representamos figurativamente un número par, lo dividimos en dos partes iguales. Podemos, por tanto, pasar el dedo por el medio: no hay límite que lo impida; de ahí la relación entre par e infinito. Similarmente, al representar un número impar, obtenemos un círculo al medio; ahora nos encontramos con un límite, y nuestro dedo no puede pasar; de ahí la relación entre número impar y finito. Las otras posibles relaciones quedan abiertas a nuestra imaginación o incluso a serios intentos por entender esta tabla de opuestos.

2.6.5. Caracterizando multiplicativamente los números cuadrados y rectangulares

Hemos construido recursivamente los números figurados por medio de *adiciones* (ver definiciones 2.6.2, 2.6.3 y 2.6.4). Ciertas propiedades relevantes

A	B	C	D	E	F
1		1	1	1	
2	1				1
3		2	2		
4	2			2	
5		3			
6	3		3		2
7		4			
8	4				
9		5		3	
10	5		4		
11		6			
12	6				3
13		7			
14	7				
15		8	5		
16	8			4	
17		9			
18	9				
19		10			
20	10				4
21		11	6		
22	11				
23		12			
24	12				
25		13		5	
26	13				
27		14			
28	14		7		
29		15			
30	15				5
31		16			
32	16				
33		17			
34	17				
35		18			
36	18		8	6	
37		19			
38	19				
39		20			
40	20				
41		21			
42	21				6
43		22			
44	22				
45		23	9		
46	23				
47		24			
48	24				
49		25		7	
50	25				

Cuadro 2.3: Los primeros 50 números naturales (columna A) y sus posiciones relativas a los números pares (columna B), a los números impares (columna C), a los números triangulares (columna D), a los números cuadrados (columna E) y a los números rectangulares (columna F)

A	B	C	D	E	F
51		26			
52	26				
53		27			
54	27				
55		28	10		
56	28				7
57		29			
58	29				
59		30			
60	30				
61		31			
62	31				
63		32			
64	32			8	
65		33			
66	33		11		
67		34			
68	34				
69		35			
70	35				
71		36			
72	36				8
73		37			
74	37				
75		38			
76	38				
77		39			
78	39		12		
79		40			
80	40				
81		41			
82	41				
83		42			
84	42				
85		43			
86	43				
87		44			
88	44				
89		45			
90	45				9
91		46	13	9	
92	46				
93		47			
94	47				
95		48			
96	48				
97		49			
98	49				
99		50			
100	50			10	

Cuadro 2.4: Los segundos 50 números naturales (columna A) y sus posiciones relativas a los números pares (columna B), a los números impares (columna C), a los números triangulares (columna D), a los números cuadrados (columna E) y a los números rectangulares (columna F)

satisfechas por los números figurados también han sido establecidas utilizando la *adición* (ver teoremas 2.6.1, 2.6.2 y 2.6.3). Sabemos, por otro lado, que la multiplicación de números naturales se define recursivamente a partir de la adición; ver sección 2.5. Con todos estos elementos podemos plantear la siguiente pregunta, que no tiene otro objetivo que *relacionar los conocimientos adquiridos*:

¿Existe una forma multiplicativa para caracterizar los números figurados?

Con *forma multiplicativa* solo queremos decir que estamos buscando caracterizaciones de los números figurados en términos de multiplicaciones de números naturales.

Comencemos esta búsqueda con un número cuadrado cualquiera, como el 16 que aparece en la figura 2.28. Este número, que corresponde al cuarto número cuadrado, es igual a la suma de los primeros cuatro números impares, es decir, 1, 3, 5 y 7. Ahora bien, los números cuadrados se llaman *cuadrados* porque se representan por medio de piedrecitas formando un cuadrado. El número cuadrado 16 puede, por tanto, ser considerado como el resultado de concatenar cuatro columnas, lo cual escribimos de la siguiente manera:

$$16 = \text{columna } 1 + \text{columna } 2 + \text{columna } 3 + \text{columna } 4$$

pero estas columnas son iguales pues están compuestas por la misma cantidad de piedrecitas. Luego, aplicando la definición de multiplicación obtenemos que

$$16 = \text{columna} + \text{columna} + \text{columna} + \text{columna} = 4 \times \text{columna}.$$

Puesto que cada columna está a su vez compuesta por 4 piedrecitas, escribimos la igualdad anterior *en términos de las piedrecitas*:

$$16 = 4 \times 4.$$

Esta representación se satisface para todos los números cuadrados: si consideramos el k-ésimo número cuadrado, dicho número es igual a la concatenación de k columnas iguales; cada una de estas columnas está compuesta por k circunferencias. Por lo tanto, el k-ésimo número cuadrado es igual a $k \times k$.

¡Profesor! Un par de advertencias:

1. Explica que este resultado se satisface para todos los números cuadrados. La explicación simbólica que proporcionamos es para ti. Más adelante tendrás la ocasión de transmitirla a tus estudiantes.

2. Es posible que quieras escribir $k \times k$ como k^2. Pero toma distancia y nota que *no estamos introduciendo las potencias*, sino que caracterizando los números cuadrados en términos de multiplicaciones. Por eso evitaremos la notación de "potencia" y utilizaremos simplemente la que expresa lo que estamos haciendo: multiplicar.

Ahora podemos juntar las dos construcciones que tenemos de los números cuadrados, a saber, que el k-ésimo número cuadrado es igual a la suma de los k primeros números impares, y que el k-ésimo número cuadrado es igual a $k \times k$. Así, obtenemos el siguiente teorema:

Teorema 2.6.4 *Para todo número natural k, $k \times k$ es igual a la suma de los primeros k números pares:*

$$k \times k = 1 + 3 + 5 + \cdots + (2\,k - 1)$$

Podemos pedir conclusiones similares a las que acabamos de establecer, pero con los números rectangulares. ¡Proponlo a tus estudiantes como evaluación! Te sugerimos las siguientes preguntas:

Considera los números rectangulares de la figura 2.29. Las circunferencias unidas por líneas son un gnomon.

(1) Describe cómo se genera cada uno de estos números, como la multiplicación de dos números naturales.

(2) ¿Cómo se representa la suma de números pares en términos de la multiplicación de dos números naturales distintos?

Las respuestas a estas preguntas son las siguientes:

(1) El k-ésimo número rectangular corresponde a la multiplicación de $k \times (k+1)$.

(2) $k \times (k+1) = 2 + 4 + 6 + \cdots + 2\,k$.

Una vez que tus estudiantes hayan deducido las formas multiplicativas de los números cuadrados y rectangulares, pídeles encontrar dichos números en sus tablas de multiplicar. Ya sabemos que, gracias a la conmutatividad, basta escribir la tabla de multiplicar como se aprecia en el cuadro 2.5. En este mismo cuadro señalamos los números cuadrados (que aparecen en cursivas) y los números rectangulares (encerrados en un cuadrado).

×	**1**	**2**	**3**	**4**	**5**	**6**	**7**	**8**	**9**	**10**
1	*1*	[2]	3	4	5	6	7	8	9	10
2		*4*	[6]	8	10	12	14	16	18	20
3			*9*	[12]	15	18	21	24	27	30
4				*16*	[20]	24	28	32	36	40
5					*25*	[30]	35	40	45	50
6						*36*	[42]	48	54	60
7							*49*	[56]	63	70
8								*64*	[72]	80
9									*81*	[90]
10										*100*

Cuadro 2.5: Los números cuadrados y rectangulares en las tablas de multiplicar

2.6.6. ¿Qué relaciones hay entre los números cuadrados y triangulares?

Retornemos a los números cuadrados y consideremos el quinto número cuadrado, a saber 25, representado como se muestra en la figura 2.30. Muéstralo a tus estudiantes y pregúntales qué representan las agrupaciones de círculos negros y blancos.

Un momento de observación es suficiente para extraer las siguientes conclusiones:

1. Las agrupaciones corresponden a números triangulares, el 10 y el 15.

2. Estos números triangulares son *consecutivos*.

3. El número cuadrado es la suma de estos dos números triangulares sucesivos.

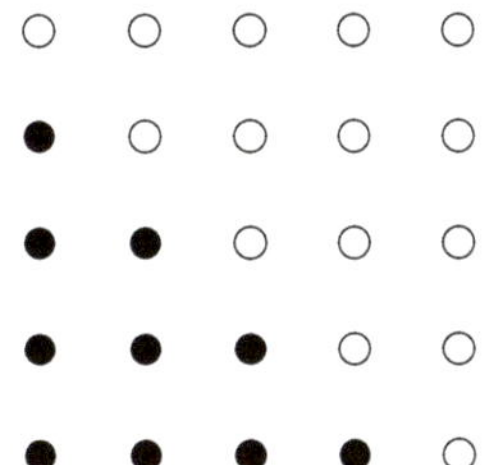

Figura 2.30: El número cuadrado 25 descompuesto en dos números triangulares consecutivos

4. El quinto número cuadrado (es decir, 25) es igual a la suma del cuarto y quinto números triangulares.

5. En general, el k-ésimo número cuadrado es igual a la suma del k-ésimo número triangular y del $(k-1)$-ésimo número triangular:

$$C_k = T_k + T_{k-1} \qquad k \geq 2$$

Ahora podemos proponer otro desafío:

Considera el número cuadrado 25 tal y como se representa en la figura 2.31.

(1) Observa los círculos unidos por los trazos. Se puede observar que con respecto a la diagonal principal (es decir, la que contiene cinco círculos negros), estas diagonales son simétricas. ¿Qué números representan dichas diagonales?

(2) Escribe el número cuadrado 25 como la suma de los números naturales que reconociste en la pregunta anterior.

(3) Usa esta representación para demostrar que los números cuadrados son iguales a la suma de dos números triangulares consecutivos.

Como ya lo hemos hecho otras veces, te presentamos la solución a continuación:

Para el número 25 tal y como se representa en la figura 2.31 se puede concluir que:

(1) Las diagonales corresponden a los números naturales: 1, 2, 3, 4 y 5.

(2) Usando la simetría que se aprecia en la figura, concluimos que

$$25 = 1+2+3+4+5+4+3+2+1.$$

(3) Esta suma puede ser escrita de la siguiente manera:

$$25 = (1+2+3+4+5) \; + \; (1+2+3+4).$$

Si requieres explicarles a tus alumnos la conmutatividad de la suma, hazlo constructivamente. Usando el teorema 2.6.1 podemos afirmar que el primer paréntesis corresponde al quinto número triangular, mientras que el segundo paréntesis, al cuarto número triangular.

(4) Estos razonamientos pueden sin duda ser repetidos recursivamente para así concluir que el resultado es válido para todo número cuadrado.

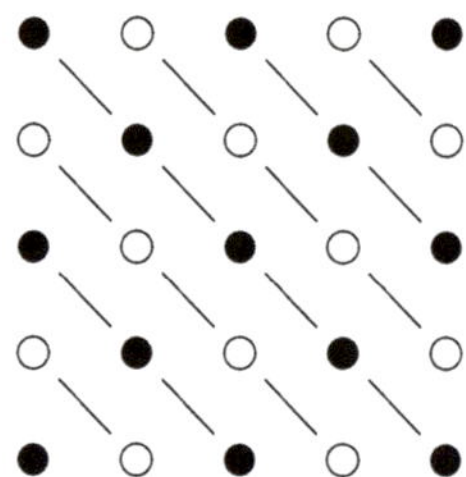

Figura 2.31: El número cuadrado 25 descompuesto en sumas de números naturales consecutivos

Volvamos a considerar la regla general que relaciona un número cuadrado con dos números triangulares consecutivos:

$$C_k = T_k + T_{k-1}, \quad k \geq 2, \qquad T_1 = 1.$$

Pero como fue discutido en la sección 2.6.1, los números triangulares se construyen de la siguiente manera:

$$T_k = T_{k-1} + k, \quad k \geq 2, \qquad T_1 = 1.$$

Por lo tanto, el k-ésimo número cuadrado puede expresarse de la siguiente manera:

$$C_k = T_{k-1} + T_{k-1} + k, \quad k \geq 2, \qquad T_1 = 1,$$

lo que abreviadamente se escribe como

$$C_k = 2T_{k-1} + k, \quad k \geq 2, \qquad T_1 = 1. \tag{2.2}$$

Figurativamente, esta relación se puede representar como se ilustra en la figura 2.32, donde el número cuadrado C_4 está descompuesto en los dos números triangulares T_3, más las cuatro piedrecitas que están en la diagonal del cuadrado. Ciertamente esta descomposición refleja lo que sabemos de la geometría plana: un cuadrado se puede descomponer en dos triángulos. Hay más: un pentágono se descompone en tres triángulos; un hexágono se descompone en cuatro triángulos, y así sucesivamente.

La pregunta natural que hay que hacerse es la siguiente: ¿se pueden definir otros números figurados siguiendo esta descomposición sugerida por la geometría? La respuesta es afirmativa: de hecho, en la figura 2.23 se pueden apreciar otros números figurados, como los pentagonales y los hexagonales. Dedicaremos un breve espacio a discutir este tema.

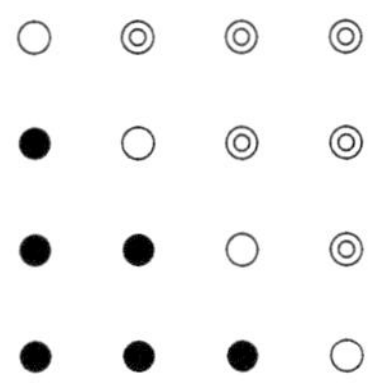

Figura 2.32: Número cuadrado $C_4 = 16$ descompuesto en dos triangulares

Retornemos a un problema que dejamos propuesto hacia el final de la sección 2.6.1, a saber, calcular el k-ésimo número triangular. Para lograr una regla de cálculo eficiente, volvamos a considerar la descomposición (2.2): sabemos que el k-ésimo número cuadrado C_k se representa como $k \times k$. Por lo tanto, la descomposición (2.2) la podemos reescribir como

$$k \times k = 2T_{k-1} + k,$$

de donde podemos deducir (usando la ley distributiva) que

$$T_{k-1} = \frac{k \times (k-1)}{2}, \quad k \geq 2, \qquad T_1 = 1.$$

La regla anterior puede reescribirse de la siguiente manera:

$$T_k = \frac{k \times (k+1)}{2}, \quad k \geq 1, \qquad T_1 = 1. \tag{2.3}$$

Usando esta relación, se puede obtener la posición de un número triangular. Es más, si un número cualquiera no es triangular, entonces no existirá una posición k tal que la igualad (2.3) sea verdadera.

2.6.7. ¿Qué relación hay entre los números rectangulares y los triangulares?

Otro desafío que dejamos planteado se relaciona con la descomposición de los números rectangulares:

> Usando el método de las piedrecitas, verifiquen que un número rectangular corresponde a la suma de dos números triangulares iguales.

Lo que tienen que concluir es que el k-ésimo número rectangular es igual a la suma del k-ésimo número triangular consigo mismo:

$$R_k = T_k + T_k = 2 \times T_k, \quad k \geq 1,$$

donde $T_1 = 1$.

2.6.8. De las relaciones entre cuadrados y rectángulos a las relaciones entre pares e impares

Queremos proponer un nuevo desafío. Sumemos los primeros k números pares; sumemos los primeros k números impares. Entonces

> Usando números figurados, queremos concluir que la suma de los primeros k números impares excede en k a la suma de los primeros k números pares.

Comencemos ejemplificando este resultado con cálculos concretos:

k	**Suma de los k primeros números pares**	**Suma de los k primeros números impares**	**Diferencia**
1	2	1	1
2	6	4	2
3	12	9	3
4	20	16	4
5	30	25	5
6	42	36	6
7	56	49	7
8	72	64	8
9	90	81	9
10	110	100	10

El objetivo de este desafío es que tus estudiantes construyan una estrategia para deducir la conclusión. Para ello te sugerimos realizar las siguientes preguntas:

1. ¿Qué buscamos verificar? Con esta pregunta queremos que te asegures de que tus estudiantes entiendan hacia dónde dirigimos nuestro razonamiento.

2. Ya que sabemos qué queremos demostrar, ¿qué números figurados debemos usar? Esta pregunta tiene por objetivo recordar los resultados ya obtenidos, a saber, que

   a) los números cuadrados se obtienen sumando números impares;

   b) los números rectangulares se obtienen sumando números pares.

3. ¿Cómo podemos transformar el enunciado original que queremos demostrar en términos de números cuadrados y triangulares? El objetivo de esta pregunta es que tus estudiantes sean capaces de reescribir el problema original en términos de números cuadrados y rectangulares, y lleguen a esta proposición:

   El k-ésimo número rectangular excede en k unidades al k-ésimo número cuadrado.

4. Finalmente, se trata de que demuestren este último enunciado utilizando el método de las piedrecitas. Todos apreciarán que la relación es inmediata, lo cual contrasta con la proposición original que queríamos demostrar. Esta última relación puede reescribirse de la siguiente manera:

$$R_k = k \times (k+1).$$

Usando la multiplicación recursivamente se puede verificar que

$$k \times (k+1) = k \times k + k.$$

Con esta igualdad a la mano puedes deducir que

$$R_k = k \times (k+1) = k \times k + k = C_k + k.$$

2.6.9. Números pentagonales

Como lo habíamos anticipado, es posible construir números pentagonales, hexagonales y otros concatenando números triangulares. Hasta ahora sabemos que los números triangulares se construyen de la siguiente manera: para $k = 2, 3, 4\ldots,$

$$T_k = T_{k-1} + k, \quad T_1 = 1.$$

Similarmente, los números cuadrados se construyen así: para $k = 2, 3, 4\ldots,$

$$C_k = 2T_{k-1} + k, \quad T_1 = 1.$$

Por lo tanto, parece razonable definir los números pentagonales de la siguiente manera: para $k = 2, 3, 4\ldots,$

$$P_k = 3T_{k-1} + k, \quad T_1 = 1.$$

Para analizar esta nueva secuencia de números proponemos los siguientes desafíos:

1. Representa figurativamente los números P_1, P_2, P_3 y P_4 de forma que coincidan con un pentágono.

2. Escribe el número pentagonal P_4 en función de P_3.

3. Escribe el número pentagonal P_k en función de P_{k-1} con $k \geq 2$.

4. Sabemos que los números triangulares corresponden a sumas de números naturales consecutivos, y que los números cuadrados corresponden a la suma de números impares consecutivos. Usando esto, caracteriza los números pentagonales como la suma de números consecutivos: ¿qué tipos de números son?

5. Considera un número natural cualquiera, por ejemplo $n = 567$. Queremos investigar si corresponde a un número pentagonal. Para ello tenemos que resolver la siguiente ecuación:

$$567 = 3T_{k-1} + k.$$

   Responde/discute:

   a) Justifica por qué hay que resolver esta ecuación.
   b) Usando el hecho de que

   $$T_k = \frac{k(k+1)}{2},$$

   expresa la ecuación anterior como una ecuación de segundo grado.
   c) ¿Existen soluciones para esta ecuación de segundo grado? Justifica.
   d) ¿Qué debe satisfacer una de las soluciones de esta ecuación para que $n = 567$ sea un número pentagonal?

6. A partir de la regla generadora de números pentagonales, propón una forma de construir números cuadrados a partir de números pentagonales.

2.6.10. Números hexagonales

Similarmente a la discusión anterior, es posible definir los números hexagonales H_k de la siguiente forma:

$$H_1 = 1, \quad H_k = 4T_{k-1} + k, \quad k = 2, 3, 4 \dots$$

Te invitamos a investigar las propiedades que satisfacen los números hexagonales por medio de los siguientes desafíos:

1. A partir de la definición anterior, escribe el hexagonal H_k en función del hexagonal H_{k-1} para $k = 2, 3, 4 \ldots$ Utiliza argumentos figurativos.

2. ¿Cómo decidirías si un número natural cualquiera n es un número hexagonal?

3. Utiliza los números hexagonales para generar números cuadrados.

4. Decide la validez o invalidez de la siguiente proposición: *todo número hexagonal es un número triangular.*

Para finalizar esta sección te proponemos el desafío de definir recursivamente los *números poligonales regulares*; los llamamos así porque hacemos referencia a los polígonos regulares de la geometría plana. Más específicamente, si tenemos un polígono de p lados podríamos definir el número figurado p-gonal, que lo denotaremos por Q_n^p:

1. Escribe el número Q_n^p como una adición entre un número determinado de triangulares y un número natural.

2. Utiliza este hallazgo para generar números cuadrados a partir de números p-gonales, para $p = 7, 8, 9, 10$.

2.7. Desafíos pitagóricos

Para finalizar nuestro recorrido por la aritmética pitagórica, te proponemos los siguientes desafíos:

1. Prueba figurativamente que la suma de dos números cuadrados consecutivos, sumado el cuadrado del número rectangular que está entre ellos, es igual a un número cuadrado.

2. Un número cuadrado sumado al siguiente número cuadrado es igual a un número triangular.

3. Usando la definición recursiva de número triangular, responde la siguiente pregunta: ¿*Cuándo* la suma de dos números triangulares da como resultado un número triangular? Propón un algoritmo para generar pares de números triangulares cuya suma sea igual a un número triangular.

4. Usando argumentos figurativos, demuestra que ocho veces un número triangular, más una unidad, es igual a un número cuadrado. Establece la relación entre la posición del número triangular en la secuencia de números triangulares y la posición del número cuadrado resultante.

5. Usando el problema precedente, demuestra que hay una infinidad potencial de números triangulares que son cuadrados.

6. Supón que un número cuadrado n^2 es un número triangular T_m. Demuestra que dos veces el número triangular T_{m-n} es también un número triangular. ¡Razona figurativamente!

PARTE III

El triángulo aritmético de Pascal

CAPÍTULO 3. DEL ESPÍRITU DE LA GEOMETRÍA

Hay dos tipos de espíritus:
uno que penetra viva y profundamente
las consecuencias de los principios;
es el espíritu de justicia.
El otro, comprende un gran número de
principios sin confundirlos;
es el espíritu de la geometría.
Uno es fuerza y rectitud de espíritu,
el otro es amplitud de espíritu.

BLAISE PASCAL, PENSAMIENTO N° 669.

3.1. Introducción

En el capítulo 2 hemos construido varios tipos de números figurados: los triangulares, los cuadrados, los rectangulares, los pentagonales y los hexagonales. Además, relacionamos cada uno de estos números con los números naturales, los números impares y los números pares. Más precisamente,

1. la construcción de los números triangulares nos ha permitido deducir que el k-ésimo número triangular es igual a la suma de los primeros k números naturales;

2. la construcción de los números cuadrados nos ha permitido deducir que el k-ésimo número cuadrado es igual a la suma de los primeros k-números impares;

3. y la construcción de los números rectangulares nos ha permitido deducir que el k-ésimo número rectangular es igual a la suma de los primeros k-números pares.

Las posiciones de los números triangulares, cuadrados y rectangulares con respecto a la secuencia de su misma clase las ilustramos en los cuadros 2.3 y 2.4 (ver pp. 74 y 75). Los números cuadrados y rectangulares los pudimos ubicar en la tabla de multiplicar (ver cuadro 2.5 en la p. 78). Dejamos como desafío investigar cómo los números cuadrados pueden derivarse de los pentagonales y hexagonales.

La pregunta que todos podemos hacernos es cómo seguir creando números figurados. Hemos recorrido un camino: disponer piedrecitas en forma de figuras geométricas y así obtener nuevas secuencias de números. En esta tercera parte queremos escoger otro camino para construir números figurados, el llamado *triángulo aritmético de Pascal*. Aprenderemos a construir dicho triángulo; a llenarlo de números; a reconocer algunas de las secuencias de números que ya hemos construido; a descubrir nuevos números figurados y, finalmente, a establecer relaciones entre estos números.

Hemos aprendido que los numerales se construyen por medio de reglas básicas muy simples: se comienza por un signo, por ejemplo, una barra | y luego se van concatenando barras de forma que cuando se ha construido el numeral n, el siguiente numeral se obtiene como $n\,|$. Sabemos también que, aunque los signos que concatenamos sean cambiados, obtenemos la *misma* secuencia de numerales. Por lo tanto, los números naturales resultan de un procedimiento de abstracción que significa simplemente que "figuras no idénticas representan la misma cosa" (como decía Lorenzen), a saber, los números naturales.

El triángulo aritmético de Pascal es un ejemplo privilegiado de aritmética constructivista, pues define una regla de generación de números de manera recursiva. El símbolo inicial corresponde a *cualquier número natural*; este número lo llamaremos *semilla*: una vez "plantada una semilla específica" generaremos ciertos números; si cambiamos la semilla tendremos otros números. Por lo tanto, lo que vamos a estudiar no es *un* triángulo aritmético específico, sino una *familia* de triángulos aritméticos. Este solo hecho nos permitirá desarrollar los siguientes aprendizajes:

1. Escribir reglas de generación de números naturales en términos genéricos, es decir, usando letras. Esta forma de escribir es necesaria para desarrollar el triángulo aritmético *cualquiera sea la semilla escogida.*

2. Aplicar las reglas genéricas para diferentes semillas.

3. Estudiar las propiedades que satisfacen los números generados en el triángulo aritmético y, lo más importante, analizar *hasta dónde dependen o no de la semilla inicial.*

Ahora bien, para poder escribir genéricamente las reglas y propiedades del triángulo aritmético necesitaremos utilizar las letras del alfabeto. Así, por ejemplo, escribiremos

$$A + B$$

cuando queramos representar la suma de dos números cualesquiera. Escribiremos

$$A + B + C$$

cuando queramos representar la suma de tres números cualquiera. Puesto que la suma es conmutativa y asociativa, evitaremos el uso de paréntesis: cuando haya que sumar números específicos, cada uno escogerá el orden que le resulte más eficiente.

Pero este uso de las letras conlleva un problema: no hay suficientes letras para poder representar todo lo que necesitaremos representar cuando estudiemos el triángulo aritmético de Pascal. La solución es aprender otro alfabeto para así poder usarlo en nuestra discusión. Así es que empecemos por aprender el alfabeto griego, el cual hallarás en el cuadro 3.1:

α	Alfa	ν	Ni
β	Beta	ξ	Xi
γ	Gama	o	Omicrón
δ	Delta	π	Pi
ϵ	Épsilon	ρ	Ro
ζ	Zeta	σ	Sigma
η	Eta	τ	Tau
θ	Teta	υ	Ypsilon
ι	Iota	ϕ	Fi
κ	Kapa	χ	Ji
λ	Lambda	ψ	Psi
μ	Mi	ω	Omega

Cuadro 3.1: Alfabeto griego

En esta tercera parte presentaremos una traducción al español del *Triangulus Arithmeticus* de Pascal, publicado en 1654. Lo que encontraremos en dicho texto será un tratamiento geométrico de propiedades aritméticas: las relaciones que Pascal establece entre los números del triángulo aritmético son deducidas a partir de propiedades geométricas. Además, conoceremos el primer enunciado explícito del principio de inducción, que se debe precisamente a Pascal. Dejaremos para el próximo capítulo un comentario del texto de Pascal, incluyendo una "traducción" del mismo en términos de los números combinatoriales.

Antes de entrar de lleno en el texto de Pascal, en este capítulo queremos resumir la perspectiva que él tenía acerca de lo que significa *razonar*, entendiendo por esto *el estudio de la verdad*:

> *Se puede tener tres principales objetivos al estudiar la verdad: el primero, descubrirla cuando se la busca; el segundo, demostrarla cuando se la posee; el tercero, distinguirla de lo falso cuando se la examina.*
>
> *No hablo para nada del primer objetivo. Trato particularmente del segundo, que incluye el tercero. Pues si se conoce el método para probar la verdad, se tendrá al mismo tiempo el método para distinguirla; pues al examinar si la prueba que se proporciona es conforme a las reglas que se conocen, se sabrá si ella ha sido exactamente demostrada.*

De esta manera, Pascal comienza un tratado que escribió hacia 1656, dos años después de componer su *Triagulus Arithmeticus*. Dicho tratado se tituló *Del Espíritu de la Geometría*; en él, Pascal se limita a desarrollar los dos últimos principios ya enunciados, a saber, demostrar la verdad cuando se la posee y distinguirla de lo falso. Para ello, Pascal debe explicar "el método que la geometría ya observa". Con el término *geometría*, se refiere a un modo general de razonar, que incluye tres disciplinas: mecánica, relacionada con los movimientos; aritmética, relacionada con los números; geometría, relacionada con el espacio. De acuerdo con Pascal, dicho método incluye dos aspectos principales: primero, probar cada proposición en particular; segundo, disponer todas las proposiciones en el mejor orden. Enfaticemos esta última afirmación de Pascal: el modo de razonamiento matemático no solo se limita a demostraciones, sino también al *orden* que se les da a las proposiciones. Este es precisamente el primer aspecto con el que hemos comenzado este libro.

En lo que sigue expondremos la postura de Pascal tanto respecto del *método de demostraciones geométricas* (lo que se relaciona con el segundo principio mencionado en la cita de él) como del *arte de persuadir* (lo que se relaciona con el tercer principio de su cita).

3.2. Método de demostraciones geométricas

Pascal considera que la geometría es una ciencia que conoce las reglas del razonamiento, pues se basa en el verdadero método que en todo conduce al razonamiento mismo. Es por ello que recomienda que, aunque es difícil, todos sepan de este método pues "vemos por experiencia que entre espíritus iguales, con toda otra condición parecida, aquel que tiene el de la geometría prevalece y adquiere un nuevo vigor".

El verdadero método está constituido por dos aspectos principales: primero, no emplea ningún término sin haber explicitado con anterioridad su sentido; segundo, nunca se establecen proposiciones sin demostrarlas con verdades ya conocidas. En otras palabras, el método verdadero consiste en "definir todos los términos y probar todas las proposiciones". Por *definición*, Pascal entiende "lo que los lógicos llaman definiciones de nombre", es decir, la imposición de un nombre a una cosa que ha sido claramente designada con términos perfectamente conocidos. La utilidad de las definiciones radica en el hecho de que permiten abreviar el discurso expresando por el solo nombre aquello que sería dicho con muchos términos. De esta manera se evitan confusiones en los discursos. Así, por ejemplo, si es necesario distinguir los números divisibles por 2 de aquellos que no lo son, definimos los números divisibles por 2 por el nombre *números pares*. En la parte II de este libro introdujimos una gran variedad de definiciones que eran nombres atribuidos a reglas recursivas de construcción de números.

Pascal hace notar que este método, bello en sí mismo, no es factible: "es evidente que los primeros términos que se quieran definir presupondrían términos precedentes que les sirvan de explicación; de la misma manera, las primeras proposiciones que se quieran probar presupondrían otras que las preceden. Por lo que es claro que no se llegará jamás a los primeros [términos y proposiciones]". Por otro lado, al avanzar cada vez más en la investigación, necesariamente se llegará a términos primitivos que no se pueden definir, y a principios tan claros que no se encuentran otros que les sirvan de prueba. Las conclusiones de Pascal son en todo caso ecuánimes, de forma de acceder al método usado por la geometría:

> *De donde se concluye que los hombres están en una imposibilidad natural e inmutable de tratar cualquier ciencia en un orden absolutamente logrado.*
>
> *Pero no se concluye de esto que se deba abandonar toda suerte de orden.*
>
> *Pues hay uno, el de la geometría: en realidad, es inferior en lo que res-*

pecta a ser menos convincente; pero no en lo que respecta a ser válido. No define todo, no prueba todo, y es en esto que no es convincente. Pero supone solo cosas claras y constantes por la luz natural.

El método de la geometría es, por tanto, el más perfecto. No se trata para Pascal de definirlo todo o de demostrarlo todo. Tampoco se trata de definir nada ni de demostrar nada. Hay que estar en un justo medio: no definir las cosas claras y entendidas por todos los hombres, y definir todas las otras; no demostrar todas las cosas conocidas por los hombres, y probar todas las otras.

La geometría, afirma Pascal, enseña esto de manera clara: no define ni tiempo, ni espacio, ni número, ni movimiento, ni igualad. Estos términos "designan a aquellos que conocen la lengua, tan naturalmente las cosas que significan que cualquier aclaración que se quiera hacer aportará más obscuridad que instrucción. No hay nada más débil que el discurso de aquellos que quieren definir estas palabras primitivas". La geometría no solo se abstiene de definir estos términos primitivos, sino que además define el resto de los términos que emplea de forma que no es necesario un diccionario para comprenderlos. De esta manera, "todos estos términos son perfectamente inteligibles, ya sea por la luz natural, o por las definiciones que ella proporciona".

Por otro lado, la geometría prueba las proposiciones que no son evidentes. Pues, cuando llega a las primeras verdades evidentes, allí se detiene, pidiendo que se le concedan estas verdades. Así, "todo lo que la geometría propone es perfectamente demostrable, ya sea por la luz natural o por las pruebas".

Para Pascal, la evidencia de la verdad de los términos primitivos, así como de los principios evidentes, está provista por la naturaleza. En efecto, la geometría no puede definir ni el movimiento, ni los números, ni el espacio. Pero, afirma Pascal, estas tres cosas son las que se consideran para desarrollar tres investigaciones específicas, cuyos nombres son *mecánica*, *aritmética* y *geometría*[10]. La geometría, por tanto, "penetra su naturaleza y descubre sus maravillosas propiedades". Más aun, estas tres cosas –movimiento, números, espacio– "comprenden todo el universo", lo que Pascal prueba citando el Libro de la Sabiduría, capítulo XI, versículo 21, en su versión latina, aunque con pequeñas modificaciones:

Deus fecit omnia in pondere, in numero, in mensura

[10] Este último término lo refiere a la investigación geométrica particular, mientras que la expresión (espíritu de) geometría se refiere a lo que hoy llamaríamos *Matemática*.

que traducido dice:

> *Dios hizo todo con peso, número y medida.*

El texto latino bíblico dice así: *Sed omnia in mensura, et numero, et pondere disposuisti*, que traducido es: *Pues todo lo dispusiste con medida, número y peso.*

El punto principal de la discusión desarrollada por Pascal es que el movimiento, el número y el espacio tienen una relación recíproca y necesaria. Esto se debe al hecho de que no es posible imaginar el movimiento sin alguna cosa que se mueva; y siendo esta cosa una, dicha unidad es el origen de todos los números y, al fin, el movimiento no puede concebirse sin el espacio. Por otro lado, Pascal concibe el tiempo en estrecha relación con el movimiento: la prontitud y la lentitud, que constituyen los diferentes movimientos, tienen una relación necesaria con el tiempo. La consecuencia que saca Pascal de estas relaciones se conecta con el concepto de *infinito potencial* que hemos discutido en el capítulo 1:

> *No importa qué tan veloz sea un movimiento, se puede concebir uno que le sea aun más veloz, y aun apresurar este último. Y así al infinito, sin jamás llegar a uno que sea tal que no se pueda añadir uno más. Por otro lado, no importa lo lento que sea un movimiento, siempre se le puede retardar aun más, y a este último aun más. Y así al infinito, sin jamás llegar a un tal grado de lentitud que no se le pueda descender al infinito sin caer en el reposo.*
>
> *De la misma manera, no importa lo grande que sea un número, siempre se puede concebir uno que lo sobrepasa. Y así al infinito, sin jamás llegar a un número que no pueda ser aumentado. Y al contrario, no importa lo pequeño que sea un número, como la centésima o la diez milésima parte, se puede concebir uno menor, y así al infinito, sin llegar al cero o a la nada.*
>
> *De la misma manera, no importa lo grande que sea un espacio, siempre se puede concebir uno más grande, y aun uno más grande; y así al infinito, sin jamás llegar a uno que no pueda ser aumentado. Y al contrario, no importa lo pequeño que sea un espacio, siempre se puede considerar uno menor, y así al infinito, sin jamás llegar a un indivisible que no tenga ninguna extensión.*
>
> *De la misma manera para el tiempo. Siempre se puede concebir uno más grande sin llegar al último, y uno menor sin llegar a un instante y a una pura nada de duración.*
>
> *Es decir, en una palabra, cualquiera sea el movimiento, el número, el espacio, el tiempo, siempre habrá uno más grande y uno más pequeño:*

> *de manera que todos se contienen entre la nada y el infinito, siempre estando infinitamente alejados de estos extremos.*
>
> *Todas estas verdades no se pueden demostrar, y sin embargo son el fundamento y los principios de la geometría. Pero como la causa que los hace incapaces de demostración no está en su obscuridad, sino por el contrario en su extrema evidencia, esta falta de prueba no es un defecto, sino más bien una perfección.*

Resulta instructivo relacionar estas consideraciones de Pascal con la concepción neointuicionista que subyace a la actividad que llamamos *contar* y que fue discutida en la sección 1.2. De acuerdo con Brouwer, la concepción de la dualidad está relacionada con la memoria y el tiempo: percibimos gracias a la memoria una misma experiencia en dos instantes del tiempo, y por ello nace en nosotros la intuición de la dualidad. Para Pascal, movimiento, espacio y número están relacionados entre sí y con el tiempo, de forma que existe la evidencia de que siempre hay uno más grande o uno más pequeño; este crecimiento o decrecimiento *ad infinitum* da origen a estos conceptos fundamentales, a partir de los cuales se puede ejercer el método más perfecto entre los seres humanos, aquel de la geometría.

3.3. Arte de persuadir

El arte de persuadir está relacionado con la manera en que los hombres consienten a lo que se les propone, así como a las condiciones de aquello que se les quiere hacer creer. Pascal asume que hay dos maneras de aceptar opiniones: por el entendimiento y por la voluntad. La más natural es la del entendimiento, pues solo se debería consentir a las verdades demostradas. Sin embargo, Pascal constata que la voluntad es la forma más ordinaria de aceptar opiniones, pero no es natural. Para él, las reglas de esta última forma de persuasión están constituidas por los deseos naturales comunes a todo ser humano, por ejemplo, el deseo de ser feliz.

Para Pascal el arte de persuadir consiste en una serie de demostraciones metódicas perfectas, lo cual divide en tres partes: en primer lugar y como ya lo hemos discutido, en definir los términos que se usarán por medio de definiciones claras; segundo, proponer principios o axiomas evidentes para probar lo que se requiere demostrar, y tercero, sustituir mentalmente en las demostraciones las definiciones en lugar de aquello que es definido.

Específicamente, Pascal propone las siguientes reglas:

1. *Reglas para las definiciones:*

    a) No definir lo que es de tal manera claro que no hayan términos más claros para definirlo.

    b) No admitir ningún término oscuro o equívoco sin definición.

    c) Emplear en las definiciones solo palabras perfectamente conocidas o ya explicadas.

2. *Reglas para los axiomas:*

    a) No admitir ningún principio necesario sin haber solicitado el acuerdo, no importa lo evidente o claro que parezca.

    b) Solicitar que se acepte como axioma lo que es perfectamente evidente en sí mismo.

3. *Reglas para las demostraciones:*

    a) No demostrar cosas que son evidentes en sí mismas y que por tanto no haya algo más claro para demostrarlas.

    b) Probar todas las proposiciones que son un tanto oscuras, y solo emplear en su prueba los axiomas más evidentes, o las proposiciones sobre las que hay acuerdo o ya demostradas.

    c) Sustituir siempre mentalmente las definiciones en lugar de aquello que es definido, para no equivocarse por lo equívoco de los términos que las definiciones han restringido.

Estas ocho reglas son fundamentales para Pascal y ciertamente son útiles hoy en nuestro estudio de la aritmética. Pascal enfatiza el hecho de que los primeros axiomas o principios, así como los primeros términos, deben ser evidentes en sí mismos. Ciertamente esto podría criticarse como una debilidad del método geométrico, pero hay un aspecto relevante que tiene que ver con la eticidad de la Matemática: *aceptar* como axiomas determinadas proposiciones. Se trata de un acción dialogal: un proponente le solicita a un oponente el acuerdo para aceptar como axioma una determinada proposición. Una vez que esto ocurre y ambos consienten, entonces es posible actuar bajo reglas.

CAPÍTULO 4. TRADUCCIÓN DEL *TRIANGULUS ARITHMETICUS*

Definiciones

Llamo *triángulo aritmético* a una figura que se construye de la siguiente manera. De un punto cualquiera G, trazo dos líneas perpendiculares entre sí, GV y $G\zeta$. En cada una de ellas, tomo tantas partes iguales como yo quiera, comenzando por el punto G: las denomino 1, 2, 3, 4, etc. Estos números son *los exponentes* de divisiones de las líneas. A continuación, uno los puntos de la primera división que están en cada una de las dos líneas por medio de otra línea, de manera que se forme un triángulo: esta última línea constituye su *base*. Uno los dos puntos de la segunda división por medio de otra línea que constituye la *base* de un segundo triángulo. Uniendo así todos los puntos de las divisiones que tienen el mismo exponente se forman tantos *triángulos* y *bases* como exponentes hay[11].

Trazo líneas paralelas por cada uno de los puntos de división; gracias a sus intersecciones se forman pequeños cuadrados que llamo *celdas*. Las celdas que están entre dos paralelas que van de izquierda a derecha se llaman *celdas de un mismo rango paralelo*, como las celdas G, σ, π, etc. o ϕ, ψ, θ, etc. Las celdas que están entre dos líneas que van desde arriba hacia abajo se llaman *celdas de un mismo rango perpendicular*, como G, ϕ, A, D, etc. o las celdas σ, ψ, B, etc. Las celdas que son atravesadas diagonalmente por una misma base se llaman *celdas de una misma base*, como D, B, θ, λ o las celdas A,

[11] Aunque Pascal no lo menciona, el lector debe leer estas instrucciones teniendo ante sus ojos la figura 4.1. Esta, como las restantes notas al pie, se deben al traductor.

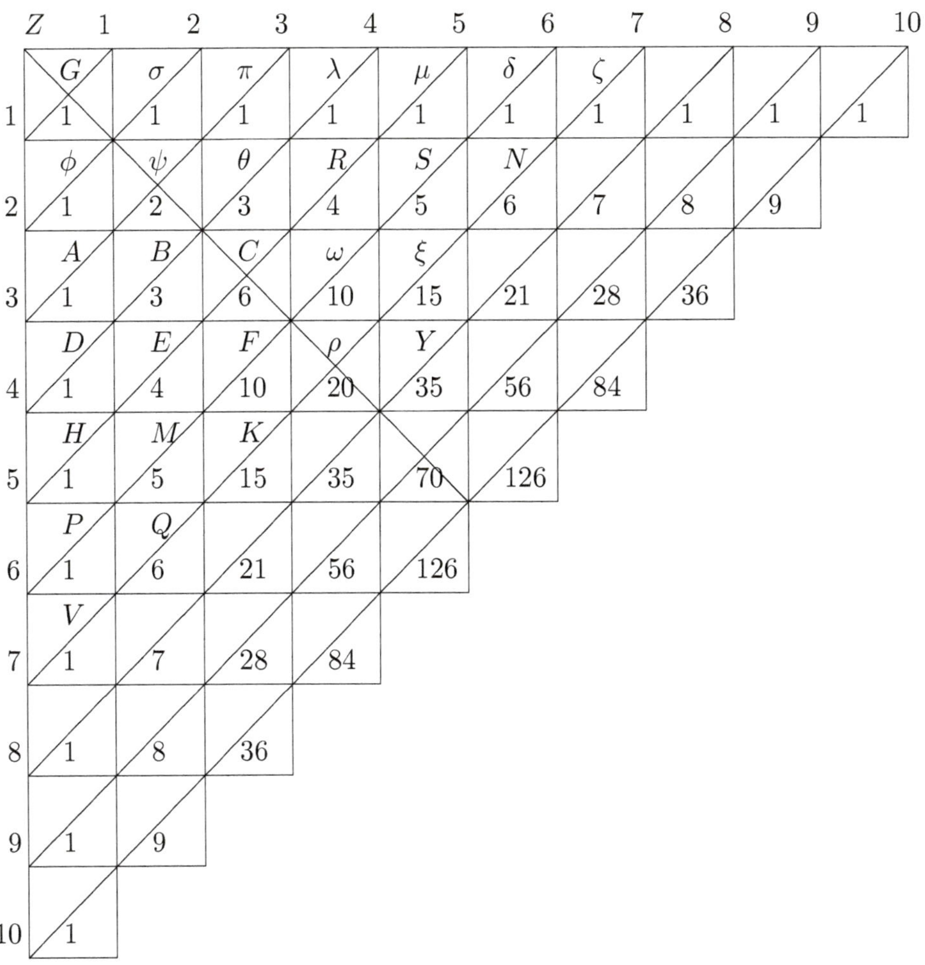

Z	1	2	3	4	5	6	7	8	9	10
1	G 1	σ 1	π 1	λ 1	μ 1	δ 1	ζ 1	1	1	1
2	ϕ 1	ψ 2	θ 3	R 4	S 5	N 6	7	8	9	
3	A 1	B 3	C 6	ω 10	ξ 15	21	28	36		
4	D 1	E 4	F 10	ρ 20	Y 35	56	84			
5	H 1	M 5	K 15	35	70	126				
6	P 1	Q 6	21	56	126					
7	V 1	7	28	84						
8	1	8	36							
9	1	9								
10	1									

Figura 4.1: El triángulo aritmético de Pascal

ψ, p. Las celdas de una misma base igualmente distantes de sus extremos se llaman *recíprocas*, como E y R o B y θ, pues el exponente de rango paralelo a una es el mismo que el exponente de rango perpendicular a la otra, como se puede apreciar en el siguiente ejemplo: E está en el segundo rango perpendicular y en el cuarto paralelo, y su recíproca R está en el segundo rango paralelo, y en el cuarto rango perpendicular.

Resulta muy fácil demostrar que las celdas que tienen sus exponentes recíprocos iguales están en una misma base e igualmente distantes de sus extremos. También es muy fácil demostrar que el exponente del rango perpendicular de una celda cualquiera, junto al exponente de su rango paralelo, sobrepasa en uno al exponente de su base. Por ejemplo, la celda F está en el tercer rango perpendicular y en el cuarto paralelo; además está en la sexta base. Luego, los dos exponentes de rango $3+4$ sobrepasan en uno a la base 6, lo que se cumple, pues los dos lados del triángulo se dividen en un mismo número de partes. Pero todo esto se entiende directamente sin necesidad de demostración[12].

La siguiente observación es de la misma naturaleza: cada base contiene una celda más que la precedente; cada base contiene tantas celdas como el exponente de su unidad. Así, la segunda base $\phi\sigma$ tiene dos celdas, la tercera base $A\psi\pi$ tiene tres celdas, etc.

Ahora bien, los números que se introducen en cada celda se determinan por el siguiente método: el número de la primera celda que está en el ángulo recto es arbitrario; una vez que dicho número se determina, los restantes dependen de él. Por ello, dicho número se llama *generador* del triángulo. Cada uno de los restantes números está determinado por esta sola regla:

> El número de cada celda es igual al de la celda que la precede en su rango perpendicular, más aquel de la celda que la precede en su rango paralelo. Así, la celda F, es decir, el número de la celda F, es igual al número de la celda C más el de la celda E. Y así para los otros números.

De esto se deducen muchas consecuencias. Aquí se presentan las principales, en las que se considera un triángulo cuyo generador es la unidad. Pero lo que será establecido es válido para otros números generadores.

[12] Literalmente se traduciría así: *Pero todo esto es más bien entendido que demostrado.*

Primera consecuencia

En todo triángulo aritmético, todas las celdas del primer rango paralelo y del primer rango perpendicular son iguales a la celda generadora.

En efecto, por construcción del triángulo, cada celda es igual a la que la precede en su rango perpendicular, más la que la precede en su rango paralelo. Ahora bien, las celdas del primer rango paralelo no tienen ninguna celda que las preceda en sus rangos perpendiculares, ni las celdas del primer rango perpendicular en sus rangos paralelos. Por tanto, todas ellas son iguales entre sí, y así iguales al primer número generador.

De este modo, ϕ es igual a $G+$cero, es decir, ϕ es igual a G. De la misma manera, A es igual a $\phi+$cero, es decir, ϕ. Similarmente, σ es igual a $G+$cero, y π igual a $\sigma+$cero. Y así sucesivamente.

Segunda consecuencia

En todo triángulo aritmético, cada celda es igual a la suma de todas aquellas de rango paralelo que la preceden, desde su rango perpendicular hasta la primera celda inclusive.

Sea una celda cualquiera ω: afirmo que ella es igual a $R + \theta + \psi + \phi$, que son las celdas del rango paralelo superior a partir del rango perpendicular de ω hasta el primer rango perpendicular. Esto es evidente después de considerar las celdas que se utilizan para formar otras celdas.

$$\begin{array}{lllllllll}
\text{Pues } \omega \text{ es igual a} & R & + & C, & & & & & \\
 & & & C = & \theta & + & B, & & \\
 & & & & & & B = & \psi + & A, \\
 & & & & & & & & A = \phi,
\end{array}$$

dado que A y ϕ son iguales entre ellas por la conclusión precedente. Por tanto, ω es igual a $R+\theta+\psi+\phi$.

Tercera consecuencia

En todo triángulo aritmético, cada celda es igual a la suma de todas las celdas de rango perpendicular precedentes, desde su rango paralelo hasta la primera celda inclusive.

Sea una celda cualquiera C: ella es igual a $B+\psi+\sigma$, que son las celdas de rango perpendicular precedentes, desde el rango paralelo a la celda C hasta el primer rango paralelo. Esto igualmente se deduce a partir de la sola interpretación de cómo son formadas las celdas.

$$\begin{array}{lllllll} \text{Pues } C \text{ es igual a} & B & + & \theta, & & & \\ & & & \theta = & \psi & + & \pi, \\ & & & & & & \pi = \sigma, \end{array}$$

dado que π es igual a σ por la primera conclusión.

Cuarta consecuencia

En todo triángulo aritmético, cada celda disminuida en la unidad es igual a la suma de todas aquellas celdas que están comprendidas exclusivamente entre su rango paralelo y su rango perpendicular.

Sea una celda cualquiera ξ: afirmo que $\xi - G$ es igual a $R + \theta + \psi + \phi + \lambda + \pi + \sigma + G$, que son todos los números comprendidos exclusivamente entre el rango $\xi\omega CBA$ y el rango $\xi S\mu$. Esto se deduce de la interpretación de cómo son formadas las celdas.

Pues ξ es igual a

$$\begin{array}{llllllllllll} \lambda + R + & \omega & & & & & & & & & \\ & \omega = & \pi + \theta + & C & & & & & & & \\ & & & C = & \sigma + \psi + & B & & & & & \\ & & & & & B = & G + \phi + & A & & & \\ & & & & & & & A = G. & & & \end{array}$$

Luego ξ es igual a $\lambda + R + \pi + \theta + \sigma + \psi + G + \phi + G$.

Advertencia

Digo en el enunciado: *cada celda disminuida en la unidad* porque la unidad es el generador. Pero si se trata de otro número generador, será necesario decir: *cada celda disminuida en el número generador.*

Quinta consecuencia

En todo triángulo aritmético, cada celda es igual a su recíproca.

Pues en la segunda base $\phi\sigma$, es evidente que las dos celdas recíprocas ϕ y σ son iguales entre sí e iguales a G. En la tercera base $A\psi\pi$ es asimismo evidente que las recíprocas π y A son iguales entre sí e iguales a G. En la cuarta base es evidente que los extremos D y λ son iguales entre sí y a G. Y aquellas celdas que están entre estas dos, a saber, B y θ, son también iguales entre sí, pues B es igual a $A + \psi$ y θ es igual a $\psi + \pi$. Luego, $\pi + \psi$ es igual a $A + \psi$ por lo que acaba de ser demostrado, etc. Así se probará en todas las otras bases que las celdas recíprocas son iguales entre sí, porque las celdas extremas son siempre iguales a G, y porque las otras celdas siempre se interpretarán por otras iguales que, en la base precedente, son celdas recíprocas entre sí.

Sexta consecuencia

En todo triángulo aritmético, un rango paralelo y un rango perpendicular que tienen el mismo exponente están compuestos de celdas iguales entre ellas.

Esto porque el rango paralelo y el rango perpendicular que tienen el mismo exponente están compuestos de celdas recíprocas. Así, el segundo rango perpendicular $\sigma\psi BEMQ$ es enteramente igual al segundo rango paralelo $\phi\psi\theta RSN$.

Séptima consecuencia

En todo triángulo aritmético, la suma de las celdas de cada base es el doble de la suma de las celdas de la base precedente.

Sea una base cualquiera $DB\theta\lambda$. Digo que la suma de sus celdas es el doble de la suma de las celdas de la base precedente $A\psi\pi$, pues las celdas extremas D y λ son iguales a las celdas extremas A y π. Y cada una de las otras celdas B y θ igualan dos celdas de la otra base: B es igual a $A + \psi$ y θ es igual a $\psi + \pi$. Por tanto, $D + \lambda + B + \theta$ es igual a $2A + 2\psi + 2\pi$. Lo mismo se demuestra en todas las otras bases.

Octava consecuencia

En todo triángulo aritmético, la suma de las celdas de cada base es un número de la progresión doble (que comienza por la unidad) cuyo exponente es el mismo que el de la base.

Pues la primera base es la unidad. La segunda base es el doble de la primera, luego ella es 2. La tercera base es el doble de la segunda, luego ella es 4. Y así al infinito.

Advertencia

Si el generador no fuera la unidad, sino otro número, como por ejemplo 3, la misma afirmación sería verdadera, pero no será necesario considerar los números de la progresión doble partiendo por la unidad, a saber, 1, 2, 4, 8, 16, etc., sino aquellos de otra progresión doble a partir del generador 3, a saber, 3, 6, 12, 24, 48, etc.

Novena consecuencia

En todo triángulo aritmético, cada base disminuida en la unidad es igual a la suma de todas las precedentes.

Esto corresponde a una propiedad de la progresión doble.

Advertencia

Si el generador fuese otro número distinto de 1, sería necesario decir: cada base disminuida en su generador.

Décima consecuencia

En todo triángulo aritmético, la suma de una cantidad cualquiera de celdas contiguas en una base dada, partiendo por uno de los extremos, es igual a la misma cantidad de celdas de la base precedente, más la misma cantidad de celdas menos una.

Sea la suma de una cantidad determinada de celdas de la base $D\lambda$, por ejemplo, las tres primeras $D+B+\theta$. Digo que es igual a la suma de las tres primeras celdas de la base precedente $A+\psi+\pi$, más dos de las primeras celdas de la misma base, $A+\psi$. Pues

$$D = A, \quad B = A+\psi, \quad \theta = \psi+\pi.$$

Por tanto $D+B+\theta$ es igual a $2A+2\psi+\pi$.

Definición

Llamo *celdas divisorias* a aquellas que la línea que divide el ángulo recto por la mitad las atraviesa diagonalmente, como las celdas G, ψ, C, ρ, etc.

Undécima consecuencia

Cada celda divisoria es el doble de aquella que la precede en su rango paralelo o perpendicular.

Sea una celda divisoria C. Digo que ella es el doble de θ y también de B. En efecto, C es igual a $\theta+B$ y θ es igual a B en virtud de la quinta consecuencia.

Advertencia

Todas las consecuencias hasta aquí enunciadas se relacionan con igualdades que se encuentran en el triángulo aritmético. Ahora se considerarán las proporciones, de las cuales la siguiente consecuencia es fundamental.

Duodécima consecuencia

En todo triángulo aritmético, dos celdas contiguas que están en una misma base, la superior es a la inferior como la cantidad de celdas desde la superior hasta arriba de la base es a la cantidad de celdas desde la inferior hasta abajo.

Sean dos celdas contiguas cualquiera de una misma base E, C. Digo que E es a C como 2 es a 3, pues E es la celda inferior, C, la superior, 2 porque hay dos celdas desde E hasta abajo, a saber, E, H; 3 porque hay tres celdas desde C hasta arriba, a saber, C, R, μ. Aunque esta proposición tenga una infinidad de casos, daré una demostración muy corta, suponiendo dos lemas:

El primero, que es evidente en sí mismo: que esta proporción se cumple en la segunda base, pues es evidente que ϕ es a σ como 1 es a 1. El segundo, que si esta proporción se cumple en una base cualquiera, ella se cumplirá necesariamente en la siguiente base.

De esto se deduce que la proposición es necesaria en todas las bases: pues ella lo es en la segunda base por el primer lema, luego, por el segundo, es necesaria en la tercera base, luego en la cuarta, y así hasta el infinito.

Es necesario, por tanto, demostrar el segundo lema de la siguiente manera: esta proposición es válida en una base cualquiera, como en la cuarta $D\lambda$, es decir, D es a B como 1 es a 3, y B es a θ como 2 es a 2, y θ es a λ como 3 es a 1, etc.

Digo que la misma proporción es válida en la siguiente base, $H\mu$ y que, por ejemplo, E es a C como 2 es a 3.

Pues D es a B como 1 es a 3, por hipótesis.

Luego $E = D + B$ es a B como $4 = 1 + 3$ es a 3.

Similarmente, B es a θ como 2 es a 2, por hipótesis.

Luego, $C = B + \theta$ es a B como $4 = 2 + 2$ es a 2.

Pero B es a E como 3 es a 4, como ha sido demostrado.

Luego, por la proporción "troublée"[13], C es a E como 3 es a 2, que es lo que era necesario demostrar.

De la misma manera se mostrará en todo el resto, puesto que esta demostración está fundada en el hecho de que esta proporción se encuentra en la base precedente, y que cada celda es igual a su precedente, más a su superior, lo que es verdadero en todas partes.

Decimotercera consecuencia

En todo triángulo aritmético, dos celdas continuas que están en un mismo rango perpendicular, la inferior es a la superior como el exponente de la base de la superior es al exponente de su rango paralelo.

Sean dos celdas cualesquiera de un mismo rango perpendicular F, C. Digo que F es a C como 5 es a 3, donde F es la celda inferior, C, la superior,

[13] La expresión que utiliza Pascal es *proportion troublée*. La definición es la siguiente: si $\frac{a}{b} = \frac{c}{d}$ y $\frac{b}{e} = \frac{f}{c}$, entonces $\frac{a}{e} = \frac{f}{d}$ (nota del traductor).

5, el exponente de la base de C, y 3, el exponente del rango paralelo de C. Pues E es a C como 2 es a 3.

Luego $F = E + C$ es a C como $5 = 2 + 3$ es a 3.

Decimocuarta consecuencia

En todo triángulo aritmético, dos celdas continuas que están en un mismo rango paralelo, la más grande es a su precedente como el exponente de la base de la precedente es al exponente de su rango perpendicular.

Sean dos celdas en un mismo rango paralelo, F, E: digo que

F es a E como 5 es a 2, donde F es la celda más grande, E, la precedente, 5, el exponente de la base de E, y 2, el exponente del rango perpendicular a E.

Pues E es a C como 2 es a 3.

Luego $F = E + C$ es a E como $5 = 2 + 3$ es a 2.

Decimoquinta consecuencia

En todo triángulo aritmético, la suma de las celdas de un rango paralelo cualquiera es a la última de este rango como el exponente del triángulo es al exponente del rango.

Sea un triángulo cualquiera, por ejemplo, el cuarto $GD\lambda$: digo que para cualquier rango que se tome, como por ejemplo la segunda paralela, la suma de sus celdas, a saber, $\phi + \psi + \theta$ es a θ como 4 es a 2. Pues $\phi + \psi + \theta$ es igual a C, y C es a θ como 4 es a 2, por la decimocuarta consecuencia[14].

Decimosexta consecuencia

En todo triángulo aritmético, un rango paralelo cualquiera es al rango inferior como el exponente del rango inferior es a la cantidad de sus celdas.

Sea un triángulo cualquiera, por ejemplo el quinto, μGH: digo que, cualquiera sea el rango que se toma, por ejemplo el tercero, la suma de sus celdas es a la suma de las celdas del cuarto, es decir, $A + B + C$ es a $D + E$ como 4, exponente del cuarto rango, es a 2, que es el exponente de la cantidad de sus celdas, ya que contiene 2.

[14] Debería decir "decimotercera" consecuencia (nota del traductor).

Pues $A + B + C$ es igual a F, y $D + E$ es igual a M.

Ahora bien, F es a M como 4 es a 2, por la duodécima consecuencia.

Advertencia

Esta consecuencia se puede enunciar de la siguiente manera:

Cada rango paralelo es al rango inferior como el exponente del rango inferior es al exponente del triángulo, menos el exponente del rango superior.

Pues el exponente de un triángulo menos el exponente de uno de sus rangos es siempre igual a la cantidad de celdas del rango inferior.

Decimoséptima consecuencia

En todo triángulo aritmético, cualquiera sea la celda que se una a todas las celdas de su rango perpendicular es a ella misma unida a todas las del rango paralelo, como las cantidades de celdas consideradas en cada rango.

Sea una celda cualquiera B: digo que $B + \psi + \sigma$ es a $B + A$ como 3 es a 2.

Digo 3 porque hay tres celdas en el antecedente, y 2 porque hay dos en el consecuente.

Pues $B + \psi + \sigma$ es igual a C por la tercera consecuencia, y $B + A$ es igual a E por la segunda consecuencia.

Ahora bien, C es a E como 3 es a 2, por la duodécima consecuencia.

Decimoctava consecuencia

En todo triángulo aritmético, dos rangos paralelos igualmente distantes de sus extremos son entre ellos como la cantidad de sus celdas.

Sea un triángulo cualquiera $GV\zeta$, y dos de sus rangos igualmente distantes de sus extremos, como el sexto $P + Q$ y el segundo $\phi + \psi + \theta + R + S + N$: digo que la suma de las celdas de una es a la suma de las celdas de otra como la cantidad de celdas de una es a la cantidad de celdas de la otra.

Pues, por la sexta consecuencia, el segundo rango paralelo $\phi\psi\theta RSN$ es el mismo que el segundo rango perpendicular $\sigma\psi BEMQ$, con lo cual se demuestra esta proporción[15].

---

[15] Se trata de *proporciones* pues la decimotercera consecuencia enuncia una proporción.

Advertencia

Esta consecuencia se puede enunciar de la siguiente manera:

En todo triángulo aritmético, dos rangos paralelos, cuyos exponentes considerados conjuntamente exceden la unidad del exponente del triángulo, son entre ellos como sus exponentes recíprocamente.

Pues es lo mismo que se acaba de enunciar.

Última consecuencia

En todo triángulo aritmético, dos celdas continuas divisoras, la inferior es a la superior considerada cuatro veces, como el exponente de la base de la celda superior es al número mayor siguiente.

Sean dos celdas divisoras ρ, C: digo que ρ es a $4C$ como 5 es a 6, porque 5 es el exponente de la base de C.

Pues ρ es el doble de ω, y C de ρ; luego 4θ es igual a $2C$.

Luego 4θ es a C como 2 es a 1.

Ahora bien, ρ es a $4C$ como ω es a 4θ, o en razones compuestas:

$$\underbrace{\underbrace{\omega \text{ es a } C}_{5 \text{ es a } 3} \quad + \quad \underbrace{C \text{ es a } 4\theta}_{1 \text{ es a } 2, \text{ o } 2 \text{ es a } 6}}_{5 \text{ es a } 6}$$

Luego ρ es a $4C$ como 5 es a 6, que es lo que era necesario demostrar.

Advertencia

Se pueden extraer de aquí muchas otras proporciones que suprimo, pues cada uno las puede concluir fácilmente, y aquellos que quieran dedicarse quizás encontrarán más bellas proporciones que las que yo he podido dar. Termino con el siguiente problema, con lo que se completa este tratado.

Problema

Dados los exponentes de los rangos perpendicular y paralelo de una celda, encontrar el número de celdas sin servirse del triángulo aritmético.

Por ejemplo, se propone encontrar el número de la celda ξ del quinto rango perpendicular y del tercer rango paralelo.

Consideremos todos los números que preceden al exponente de la perpendicular 5, a saber, 1, 2, 3, 4.

Tomemos tantos números naturales como los números precedentes[16] a partir del exponente de la paralela 3, a saber, 3, 4, 5, 6.

Multiplíquense los primeros, el uno por el otro, y sea el producto 24. Multiplíquense los otros el uno por el otro, y sea el producto 360, que, dividido por el otro producto 24, da por cuociente 15. Este cuociente es el número buscado, pues ξ es a la primera de su base V en razón compuesta de todas las razones de celdas de dos en dos, es decir,

$$\underbrace{\xi \text{ es a } V \text{ en razón compuesta de}}_{\text{o por la duodécima consecuencia}} \quad \underbrace{\xi \text{ es a } \rho}_{3 \text{ es a } 4} + \underbrace{\rho \text{ es a } K}_{4 \text{ es a } 3} + \underbrace{K \text{ es a } Q}_{5 \text{ es a } 2} + \underbrace{Q \text{ es a } V}_{6 \text{ es a } 1}$$

Luego ξ es a V como 3 en 4 en 5 en 6 en 3 en 2 en 1.

Pero V es la unidad; luego ξ es el cuociente de la división del producto de 3 en 4 en 5 en 6 por el producto de 4 en 3 en 2 en 1.

Advertencia

Si el generador no es la unidad, habría sido necesario multiplicar el cuociente por el generador.

[16] Es decir, 1, 2, 3, 4.

CAPÍTULO 5. COMENTARIO DEL *TRIANGULUS ARITHMETICUS*

Breviter tamen demonstrabo supponendo duo lemmata.
Primu (quod ex se manifestum est)
proportionem istam in secunda base contingere:
ϕ enim est ad σ ut 1 ad 1.
Secundum illus est. Si haec proportio contingit in base
quacumque, necessario et in sequenti base continget.
Ex his lemmatis facile concluditur singulas bases hanc
sortiri proportionem.

B. Pascal, *Triangulus Arithmeticus*, duodécima consecuencia.

El triángulo aritmético de Pascal está esencialmente compuesto por dos grupos de consecuencias. Las primeras once se demuestran usando la regla normativa que subyace a la generación de los números de cada celda. Todos los razonamientos son recursivos. Las consecuencias 12 a 19 se basan en las proporciones que se pueden establecer en el triángulo aritmético. Es en ese contexto en que encontramos uno de los primeros enunciados del principio de inducción. En este capítulo queremos ofrecer dos traducciones de la traducción que hemos hecho del triángulo aritmético de Pascal: la primera consiste en tomar esencialmente el primer grupo de consecuencias y proponerlas como desafíos cuya validez es necesario conjeturar y probar recursivamente, usando la regla normativa de generación de celdas del triángulo aritmético. La segunda traducción es reescribir las consecuencias del triángulo aritmético utilizando dos tipos de notación matemática: una que está inspirada en el mismo Pascal y que podemos identificar con coordenadas de cada celda basadas en los exponentes de divisiones de líneas. La segunda notación corresponde a la de los números combinatoriales y puede considerarse como otro sistema de coordenadas: la base del triángulo en que una celda está, y la posición que tiene en esta base. Podrán apreciar que la demostración de las propiedades que se desprenden del triángulo aritmético es lejos más fácil y comprensible usando las coordenadas propuestas por Pascal que cuando se emplean los números combinatoriales.

5.1. Instrucciones para construir un triángulo aritmético

Pascal proporciona una serie de instrucciones que permiten construir un triángulo aritmético; junto a ellas, introduce toda una terminología que tenemos que adquirir a medida que construimos el triángulo aritmético. Es por esto que a continuación sistematizamos tanto las instrucciones dadas por el propio Pascal para construir el triángulo aritmético así como las definiciones que da de los elementos que constituyen este triángulo.

PRIMERA INSTRUCCIÓN: Desde un punto cualquiera G, tracemos dos líneas perpendiculares entre sí; llamemos a estas líneas GV y $G\zeta$. Cada una va a ser dividida en tantas partes iguales como se quiera, comenzando desde el punto G. Estas partes las indicaremos con los números 1, 2, 3, 4, etc. Estos serán llamados *exponentes de divisiones de las líneas.*

SEGUNDA INSTRUCCIÓN: Por medio de una línea, unamos los dos puntos de la primera división que están en cada una de las dos líneas GV y $G\zeta$ de manera que se forme un triángulo: esta línea que hemos construido constituye la *base* de dicho triángulo.

TERCERA INSTRUCCIÓN: Por medio de una línea, unamos los dos puntos de la segunda división; obtenemos así la *base* de un segundo triángulo.

CUARTA INSTRUCCIÓN: Uniendo todos los puntos de las divisiones que tienen el mismo exponente se forman tantos *triángulos* y *bases* como exponentes hay.

QUINTA INSTRUCCIÓN: Para cada uno de los exponentes de división de GV, tracemos líneas paralelas que comiencen en dichos puntos. Similarmente, para cada uno de los exponentes de división de $G\zeta$, tracemos líneas paralelas

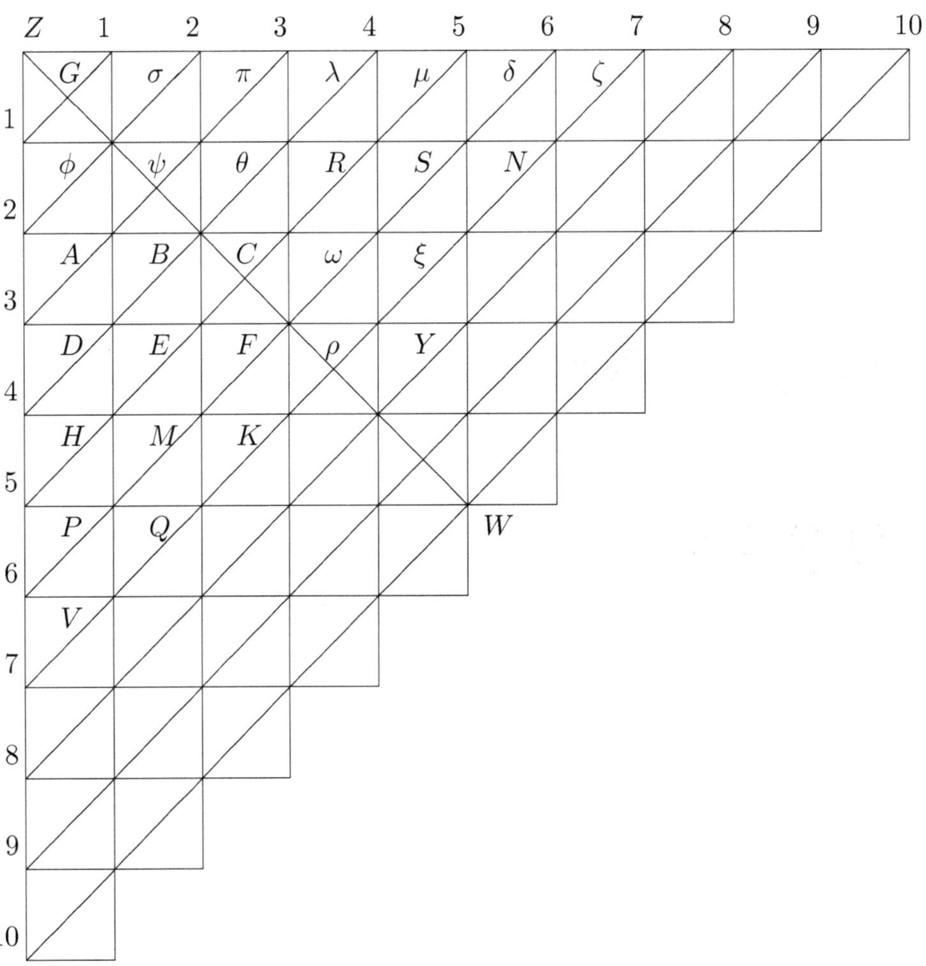

Figura 5.1: El triángulo aritmético de Pascal luego de seguir las seis instrucciones

que comiencen en dichos puntos. Las líneas paralelas que acabamos de trazar se intersectan, formando pequeños cuadrados. Estos cuadrados serán llamados *celdas.*

SEXTA INSTRUCCIÓN: Finalmente, tracemos una línea diagonal en la primera celda, que tiene como vértice el punto que se forma al intersectar las líneas GV y $G\zeta$; ese punto lo llamaremos Z y extenderemos esta línea diagonal a lo largo del triángulo aritmético hasta el punto W.

La figura 4.1 muestra el triángulo que se obtiene después de seguir las seis instrucciones anteriores. En dicho triángulo hemos puesto nombres a las celdas. Es importante sugerir estos nombres a fin de tener una notación común. Más importante aún es que aprecies que hemos nombrado las celdas de forma de *evitar cualquier simetría* en torno a la recta ZW.

5.1.1. Definiendo los elementos del triángulo aritmético y algunas propiedades

A continuación introducimos la terminología necesaria para poder trabajar con el triángulo aritmético, además de deducir algunas propiedades basadas en la mera construcción de dicho triángulo.

Definición 5.1.1 Las celdas que están entre dos rectas paralelas que van de izquierda a derecha se llaman *celdas de un mismo rango paralelo.* Así, por ejemplo, G, σ, π, etc. constituyen celdas de un mismo rango paralelo, o ϕ, ψ, θ, etc. también constituyen celdas de un mismo rango paralelo.

Definición 5.1.2 Las celdas que están entre dos líneas que van desde arriba hasta abajo se llaman *celdas de un mismo rango perpendicular.* Así, por ejemplo, G, ϕ, A, D, etc. son celdas de un mismo rango perpendicular, y σ, ψ, B, etc. también son de un mismo rango perpendicular.

Definición 5.1.3 Las celdas que son atravesadas diagonalmente por una misma base se llaman *celdas de una misma base*, como las celdas D, B, θ, λ, o las celdas A, ψ, p.

Definición 5.1.4 Las celdas de una misma base igualmente distantes de sus extremos se llaman *celdas recíprocas.* Así, por ejemplo, las celdas E y R son recíprocas, pues el exponente de rango paralelo a una es el mismo que el exponente de rango perpendicular a la otra, como se puede apreciar aquí: E está en el segundo rango perpendicular y en el cuarto paralelo, y su recíproca R está en el segundo rango paralelo y en el cuarto rango perpendicular.

Como ejercicio queda establecer que las celdas B y θ son recíprocas, y que las celdas M y S también.

Las siguientes propiedades son muy fáciles de deducir a partir de la construcción del triángulo aritmético:

1. Las celdas que tienen sus exponentes recíprocamente parecidos están en una misma base e igualmente distantes de sus extremos. Esto es equivalente a la definición de celdas recíprocas.
2. El exponente del rango perpendicular de una celda cualquiera, junto al exponente de su rango paralelo, sobrepasan en uno al exponente de su base. Por ejemplo, la celda F está en el *tercer* rango perpendicular y en el *cuarto* rango paralelo; además está en la *sexta* base; luego, la suma de los dos exponentes de rango, a saber, $3+4$, sobrepasa en uno a la base 6.
3. Cada base contiene tantas celdas como su exponente. Así, por ejemplo, la segunda base tiene dos celdas: ϕ y σ; la tercera base tiene tres celdas: A, ψ y π, etc.
4. Cada base contiene una celda más que la precedente. Por ejemplo, la cuarta base, cuatro celdas, a saber, D, B, θ y λ, mientras que la tercera base contiene tres celdas, a saber, A, ψ y π.

5.1.2. Regla de construcción de los números al interior de cada celda

Los números que se introducen en cada celda se encuentran a través de la siguiente regla:

Regla 1: El número de la primera celda que está en el ángulo recto de vértice Z es arbitrario.

Regla 2: Cada uno de los otros números está determinado por esta única regla: el número de cada celda es igual al de la celda que la precede en su rango perpendicular, más aquel de la celda que la precede en su rango paralelo.

Así, por ejemplo, el número de la celda F es igual al número de la celda C sumado con el de la celda E, o el número de la celda ω es igual al número de la celda C sumado al número de la celda R. La primera relación la escribiremos como

$$F = C + E,$$

mientras que la segunda como

$$\omega = C + R.$$

Es importante que entendamos esta notación. Cuando escribimos $F = C+E$ no debemos olvidar que queremos decir que *estamos sumando el valor que hay en la celda C con el valor que hay en la celda E.*

Pascal afirma que, una vez que el número de la semilla ha sido definido, "todos los otros son forzados"; interesante expresión que insiste en el carácter normativo de la regla que acabamos de introducir. La figura 5.2 muestra los números que se obtienen en cada celda una vez que la semilla ha sido fijada en 1. Puedes generar los números del triángulo aritmético con diferentes semillas, como por ejemplo 2, 3, 10.

Es importante también insistir en que la regla de generación de números para cada celda ha sido definida *recursivamente*. Es por ello que, en estricto rigor, esta regla no se aplica directamente a las celdas ϕ, A, D, etc. ni a las celdas σ, π, λ, etc. En efecto, consideremos la celda ϕ; la celda que la precede en su rango perpendicular es G, sin embargo, no hay ninguna celda que la preceda en su rango paralelo. Similarmente, la celda σ tiene a la celda G como la que la precede en su rango paralelo, pero ninguna que la preceda en su rango perpendicular.

Pascal no consideró esto como un problema, sino que, al contrario, supuso que tanto a la izquierda de la recta GV como encima de la recta $G\zeta$ hay celdas cuyo valor numérico es 0. De esta manera, él concluye que *en todo triángulo aritmético, todas las celdas del primer rango paralelo y del primer rango perpendicular son iguales a la generadora.* En lo que sigue consideraremos esto como la tercera regla de generación de números en el triángulo aritmético:

Regla 3: Todas las celdas del primer rango paralelo y del primer rango perpendicular son iguales a la generadora.

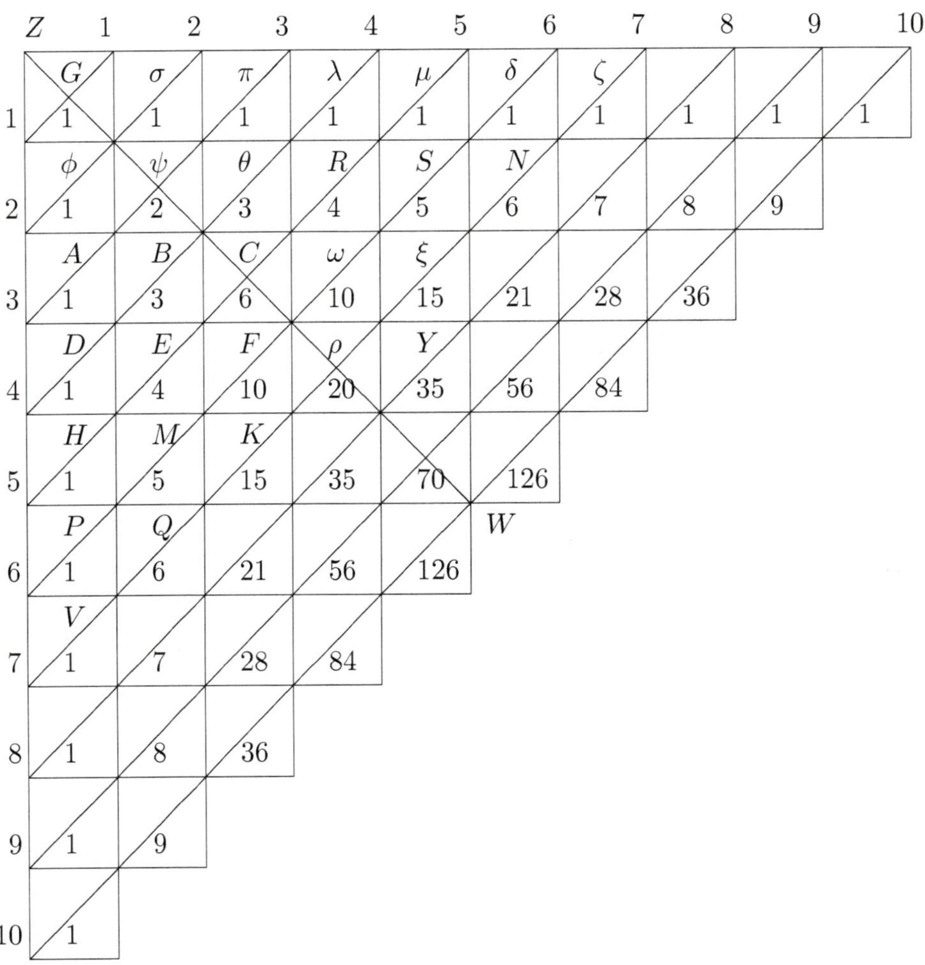

Figura 5.2: El triángulo aritmético de Pascal cuando la semilla es igual a 1

5.2. ¡A la búsqueda de propiedades en el triángulo aritmético!

Tanto de la construcción anterior, como de las reglas de generación de números, se deducen muchas conclusiones. En lo que sigue, sugeriremos una pregunta a fin de que puedas deducir si dicha afirmación es verdadera o falsa; cada una de estas preguntas será remitida al número de consecuencia del texto de Pascal. Recuerda que uno de los aspectos que será necesario preguntarse constantemente es hasta dónde las conclusiones dependen del valor de la semilla.

5.2.1. Primeras dos consecuencias del triángulo aritmético

Considera una celda cualquiera del triángulo aritmético. ¿Cómo puede relacionarse este valor con los valores de las celdas de rango paralelo que la preceden?

Ante esta pregunta, la idea es que conjetures alguna relación, pero siempre *utilizando la regla de generación de los números que van en cada celda*. Por eso, la conjetura debería construirse secuencialmente:

1. Comencemos por la celda ψ; sabemos por la regla de generación de números del triángulo aritmético (ver p. 117) que

$$\psi = \phi + \sigma,$$

   sabemos además que $\phi = G$. Por lo tanto, $\psi = G + \sigma$. G y σ corresponden a celdas de rango paralelo que preceden a la celda ψ.

2. Continuamos ahora con la celda B. Por la regla de generación de números del triángulo, sabemos que

$$B = A + \psi,$$

   y puesto que $A = \phi$, deducimos que $B = \phi + \psi$. Nuevamente, las celdas ϕ y ψ son de rango paralelo, que preceden a la celda B.

3. Consideremos la celda θ. Por la regla de generación de números del triángulo, sabemos que

$$\theta = \psi + \pi.$$

Pero ya hemos demostrado que $\psi = G + \sigma$. Por lo tanto, $\theta = G + \sigma + \pi$. Nuevamente, G, σ y π son celdas de rango paralelo que preceden a la celda θ.

4. Similarmente, $R = \theta + \lambda$. Pero ya hemos probado que $\theta = G + \sigma + \pi$. Por lo tanto, $R = G + \sigma + \pi + \lambda$, es decir, R es igual a la suma de las celdas de rango paralelo que la preceden.

5. De la misma manera, para la celda ω se tiene que $\omega = C + R$. Pero $C = B + \theta$, $B = A + \psi$ y $A = \phi$. Por lo tanto,

$$\omega = \phi + \psi + \theta + R,$$

es decir, la suma de las celdas de rango paralelo que preceden a la celda ω.

6. Y así *ad infinitum.*

Los razonamientos anteriores son claramente *recursivos*: este es uno de los principales aprendizajes matemáticos que vas adquiriendo en tu incursión por la aritmética constructivista.

Resumamos la propiedad que hemos deducido:

Teorema 5.2.1 *En todo triángulo aritmético, cada celda es igual a la suma de todas aquellas de rango paralelo que la preceden, desde su rango perpendicular hasta la primera inclusive.*

Utilizando los diferentes triángulos aritméticos que has construido para diferentes semillas, responde la siguiente pregunta:

¿Depende nuestro resultado del valor que damos a la semilla?

La respuesta es *no*, tal y como puede verse en los ejemplos que ustedes mismos han construido.

5.2.2. Tercera consecuencia del triángulo aritmético

Observa el triángulo aritmético y aprecia la simetría que hay en torno al eje ZW. Esta observación motiva la siguiente pregunta:

¿Es posible obtener un resultado similar al teorema 5.2.1, pero con respecto a los rangos perpendiculares?

Después de proponer conjeturas, el objetivo es llegar al siguiente teorema:

Teorema 5.2.2 *En todo triángulo aritmético, cada celda es igual a la suma de todas las celdas de rango perpendicular precedentes, desde su rango paralelo hasta el primero inclusive.*

Un par de ejemplos de este resultado: la celda C es igual a $B + \psi + \sigma$, o la celda Y es igual a la suma $\rho + \omega + R + \lambda$. Similarmente al caso anterior, este resultado *no* depende del valor de la semilla: ¿por qué? Se espera que tú y tus estudiantes respondan a esta pregunta.

5.2.3. Quinta consecuencia del triángulo aritmético

La pregunta que queremos responder ahora es la siguiente:

En el triángulo aritmético, ¿cómo son las celdas recíprocas, iguales o distintas?

Se puede conjeturar la respuesta observando los ejemplos concretos de triángulos aritméticos generados con distintas semillas: son iguales. Es importante que deduzcan esto de forma constructiva:

1. Comencemos por la segunda base, cuyas celdas recíprocas son ϕ y σ. Estas son iguales a la celda generadora según la tercera regla (ver p. 131) y, por tanto, iguales entre sí.

2. En la tercera base, las celdas recíprocas A y π son iguales por la misma regla 3.

3. En la cuarta base, las celdas recíprocas extremas D y λ son iguales pues, por la misma regla 3, son iguales a la celda semilla G. Las otras dos celdas recíprocas B y θ son también iguales entre sí pues B es igual a $A + \psi$ (según la regla 2; ver p. 117), y θ es igual a $\psi + \pi$ (por la misma regla 2). Pero $\pi + \psi$ es igual a $A + \psi$ por lo que acaba de ser demostrado para la tercera base.
4. En la quinta base, las celdas recíprocas extremas H y μ son iguales entre sí por la regla 3. Las celdas recíprocas E y R también son iguales entre sí pues, por la regla 2, E es igual a $D + B$ y R es igual a $h + \lambda$. Pero $D + B$ es igual a $h + \lambda$ por lo que acaba de ser demostrado para la cuarta base.
5. Y así *ad infinitum*.

La forma recursiva de razonar es fundamental: lo que se deduce en una base depende de lo que se dedujo en la base anterior. Resumiendo, obtenemos el siguiente teorema:

Teorema 5.2.3 *En todo triángulo aritmético, cada celda es igual a su recíproca.*

Una observación importante, que la planteamos como pregunta:

> El teorema 5.2.3, ¿depende del valor de la semilla?

La respuesta es negativa: este teorema solo depende de las tres reglas de construcción de los números del triángulo. Tenemos, una vez más, un ejemplo en el cual una proposición es verdadera porque ha sido deducida a partir de las reglas normativas preestablecidas.

5.2.4. Séptima consecuencia del triángulo aritmético

La pregunta que queremos responder esta vez es la siguiente:

> En el triángulo aritmético, ¿cómo se relaciona la suma de las celdas de una base con la suma de las celdas de la base precedente?

Nuevamente podemos conjeturar la respuesta observando los ejemplos concretos de triángulos aritméticos generados con distintas semillas: son iguales. Es importante que deduzcan esto de forma constructiva:

1. Comencemos por la segunda base, cuyas celdas recíprocas son ϕ y σ. Estas son iguales a la celda generadora según la tercera regla (ver p. 117) y, por tanto, la suma de las celdas ϕ y σ es igual al doble de la celda G.

2. La tercera base está compuesta de las celdas A, ψ y π. Pero aplicando la segunda regla (ver p. 117) se tiene que

$$\psi = \phi + \sigma.$$

   Por lo tanto, aplicando la tercera regla (ver p. 131), se obtiene que

$$A + \psi + \pi = 2\,(\phi + \sigma),$$

   es decir, la suma de las celdas de la tercera base es igual al doble de la suma de las celdas de la segunda base.

3. En la cuarta base, las celdas son D, b, θ, λ. Aplicando nuevamente la segunda regla se tiene que

$$B = A + \psi, \qquad \theta = \psi + \pi.$$

   Luego, usando la tercera regla, se tiene que

$$D + B + \theta + \lambda = A + A + \psi + \psi + \pi + \pi = 2\,(A + \psi + \pi),$$

   es decir, la suma de las celdas de la cuarta base es igual al doble de la suma de las celdas de la tercera base.

4. Y así *ad infinitum*.

Nuevamente vemos que la forma recursiva de razonar es fundamental: lo que se deduce en una base depende de lo que se dedujo en la base anterior. Resumiendo, obtenemos el siguiente teorema:

Teorema 5.2.4 *En todo triángulo aritmético, la suma de las celdas de una base dada es igual al doble de la suma de las celdas de la base precedente.*

Podemos extraer una consecuencia adicional de este teorema, que explicamos de la siguiente manera:

1. La primera base es igual a la unidad, lo que escribimos como 2^0.
2. La segunda base es igual al doble de la primera, lo que escribimos como 2.
3. La tercera base es igual al doble de la segunda, es decir, $2 \times 2 = 2^2$.
4. La cuarta base es igual al doble de la tercera, es decir, $2 \times 2^2 = 2^3$.
5. La quinta base es igual al doble de la cuarta, es decir, $2 \times 2^3 = 2^4$.
6. Y así *ad infinitum*.

Por lo tanto, si consideramos la n-ésima base, entonces la suma de las celdas correspondientes es igual a 2^{n-1} para $n \geq 1$. La pregunta que dejamos planteada es la siguiente:

¿Cómo se modificaría el resultado anterior si la semilla cambia a otro valor?

5.2.5. De vuelta a la relación entre números triangulares y naturales... y más allá

Consideremos ahora un triángulo aritmético generado a partir de una semilla igual a 1, tal y como se muestra en la figura 5.2. Pregunta:

¿Qué secuencias de números que ya conocemos podemos distinguir en dicho triángulo aritmético?

Pues bien, en el segundo exponente paralelo (o en el segundo exponente perpendicular) está la secuencia de los números naturales, y en el tercer exponente paralelo podemos reconocer la secuencia de los números triangulares. Hay varias conclusiones que puedes discutir:

1. Traduzcamos el teorema 5.2.1 utilizando la terminología de números figurados. ¿Qué encontramos? Que todo número triangular es igual a la suma de los números naturales que van desde su rango perpendicular hasta la primera celda inclusive. Así, por ejemplo,

$$\begin{aligned}
3 &= 2+1 \\
6 &= 3+2+1 \\
10 &= 4+3+2+1 \\
15 &= 5+4+3+2+1 \\
&\vdots
\end{aligned}$$

Hemos encontrado una forma alternativa de deducir el teorema 2.6.1 (ver p. 64), ya probado en el capítulo 2.

2. Si en el tercer exponente paralelo están los números triangulares, la pregunta natural es la siguiente: ¿qué números hay en el cuarto exponente paralelo? ¿Y en el quinto exponente?, etc.

Los números que están en el cuarto exponente paralelo se llaman *números piramidales*. Los restantes números, Pascal los llamaba con el nombre del exponente correspondiente. Así, los que están en el quinto exponente paralelo, los denominaba *números del quinto orden*, los que están en el sexto exponente paralelo, *números del sexto orden*, y así sucesivamente.

El triángulo aritmético nos ha abierto la posibilidad de encontrarnos con *nuevas secuencias de números*. Pero hay más, gracias al teorema 5.2.1 (o, simétricamente, al teorema 5.2.2) podemos establecer relaciones similares a las que establecimos entre los números triangulares y los números naturales. Por ejemplo, el número piramidal 10 es igual a la suma de los triangulares que están entre el rango paralelo que le precede hasta el primero inclusive, es decir, 10, 6, 3 y 1; o el 126, que es un número de quinto orden, es igual a los números pentagonales desde el rango paralelo que le precede hasta el primero inclusive, es decir, 56, 35, 20, 10, 4 y 1.

Podemos resumir este tipo de resultados en teoremas: se trata de un proceso de verbalización que conlleva una mejor comprensión de estas relaciones numéricas. Dichos teoremas son del siguiente tipo:

Teorema 5.2.5 *En un triángulo aritmético cuya semilla es igual a 1, las siguientes proposiciones son verdaderas:*

1. *Cada número pentagonal es igual a la suma de los números triangulares que están comprendidos entre el rango paralelo que le precede y el primer número triangular.*

2. *Cada número del quinto orden es igual a la suma de los números pentagonales que están comprendidos entre el rango paralelo que le precede y el primer número pentagonal.*

3. *Cada número del sexto orden es igual a la suma de los números del quinto orden que están comprendidos entre el rango paralelo que le precede y el primer número del quinto orden.*

4. *Cada número del séptimo orden es igual a la suma de los números del sexto orden que están comprendidos entre el rango paralelo que le precede y el primer número del sexto orden.*

5. *Y así ad infinitum.*

No es necesario ofrecer una demostración de estos resultados, pues son simples corolarios del teorema 5.2.1. A pesar de esto, la profundidad de los mismos no debe dejarnos de sorprender.

¡Pero hay más! Podemos reescribir todos estos resultados como sumas de sumas de números naturales. Por ejemplo, el número pentagonal 20 es igual a la suma de los triangulares 10, 6, 3 y 1. A su vez, cada uno de estos números triangulares es igual a la suma de números naturales:

$$\begin{aligned}
10 &= 4+3+2+1, \\
6 &= 3+2+1, \\
3 &= 2+1, \\
1 &= 1.
\end{aligned}$$

Así, el número pentagonal 20 se escribe como

$$20 = (4+3+2+1)+(3+2+1)+(2+1)+1.$$

Consideremos otro ejemplo: el número del quinto orden 35. Este es igual a la suma de los pentagonales 20, 10, 4 y 1. A su vez, cada uno de estos números pentagonales es igual a la suma de triangulares:

$$\begin{aligned}
20 &= 10+6+3+1, \\
10 &= 6+3+1, \\
4 &= 3+1, \\
1 &= 1.
\end{aligned}$$

De este modo,

$$35 = (10+6+3+1)+(6+3+1)+(3+1)+1.$$

Pero nuevamente cada uno de estos números triangulares es igual a la suma de números naturales. Así,

$$\begin{aligned}10 &= 4+3+2+1,\\ 6 &= 3+2+1,\\ 3 &= 2+1,\\ 1 &= 1.\end{aligned}$$

Por lo tanto, en términos de números naturales, el número del quinto orden 35 se escribe como

$$\begin{aligned}35 \;=\; & [(4+3+2+1)+(3+2+1)+(2+1)+1]+\\ & [(3+2+1)+(2+1)+1]+\\ & [(2+1)+1].\end{aligned}$$

Se tiene, por tanto, un *efecto acumulativo* de sumas de números naturales.

En la sección 2.6.4 del capítulo 2 (ver p. 71) hicimos notar que había ciertos números que pertenecían a dos clases diferentes de números. Con el triángulo aritmético podemos afinar esta conclusión, para lo cual basta utilizar la simetría de las celdas en torno al eje ZW, tal y como lo enunciamos en el teorema 5.2.3. Podrías, por ejemplo, formular la siguiente pregunta:

Consideremos dos secuencias de números que correspondan a dos órdenes diferentes. ¿Cuántos números pertenecen a *ambas* secuencias?

La respuesta es inmediata: solo un número. ¿Por qué? Porque si una celda no está sobre el eje ZW, entonces tiene una y solamente una celda recíproca por construcción del triángulo, lo que incluye a las reglas que se han utilizado para generar los números del mismo.

5.2.6. ¿Cómo hacemos aparecer en el triángulo aritmético los números rectangulares?

Esta pregunta la puedes plantear a tus estudiantes: sugiéreles mirar los triángulos aritméticos que construyeron cuando cambiaron la semilla. En el cuadro 5.1 se muestra el triángulo aritmético que se obtiene cuando se fija la semilla en 2. Como puede apreciarse, en el segundo rango perpendicular están los números pares, y en el tercer rango perpendicular están los números rectangulares. Nuevamente, aplicando el teorema 5.2.1, deducimos que cada número rectangular es igual a la suma de los números pares que están comprendidos entre el rango paralelo que le precede y el primer número par. Así, por ejemplo,

$$56 = 14 + 12 + 10 + 8 + 6 + 4 + 2.$$

Como en el caso de los números triangulares, hemos encontrado una forma alternativa de probar el teorema 2.6.3 (ver sección 2.6.3). Toda esta deducción bien puedes dejarla como un desafío para tus estudiantes.

2	2	2	2	2	2	2	2	2	2
2	4	6	8	10	12	14	16	18	
2	6	12	20	30	42	56	72		
2	8	20	40	70	112	168			
2	10	30	70	140	252				
2	12	42	112	252					
2	14	56	168						
2	16	72							
2	18								
2									

Cuadro 5.1: Triángulo aritmético con semilla igual a 2

5.2.7. ¿Cómo hacemos aparecer en el triángulo aritmético los números cuadrados?

Esta pregunta es un tanto más delicada. Se puede intentar responder generando triángulos aritméticos con otras semillas, por ejemplo 3, 4, etc. La pregunta básica es la siguiente:

¿Cómo darse cuenta de si cambiando sucesivamente la semilla encontraremos los números cuadrados?

Para responder a esta pregunta hay que tener en cuenta el siguiente objetivo –que no es otra cosa que una analogía con los resultados obtenidos en las dos últimas subsecciones-: queremos que los números cuadrados aparezcan en el triángulo aritmético de manera que, como consecuencia de las propiedades satisfechas por dicho triángulo, podamos obtener el siguiente resultado: todo número cuadrado es igual a la suma de una cantidad determinada de números impares. Una vez que se tenga claro este objetivo, podemos responder a la pregunta anterior de la siguiente manera:

1. Queremos no solo recuperar los números cuadrados en el triángulo aritmético, sino también los números impares.

2. Por lo tanto, si cambiamos la semilla, y utilizamos la regla 3 (ver p. 131), basta con que miremos qué ocurre con el valor de la celda ψ. Dicho valor es igual a $\phi + \sigma$.

3. Si la semilla G es igual a un número impar, entonces ψ va a ser un número par, pues se suma dos veces la semilla G.

4. Igualmente, si la semilla G es igual a un número par, la celda ψ será un número par.

Por lo tanto, *nunca* podremos obtener el primer número impar en la celda ψ.

Esta misma conclusión nos proporciona una estrategia para recuperar tanto los números impares como los números cuadrados en el triángulo aritmético: poder obtener en la celda ψ el primer impar, siempre siguiendo la regla 2 de generación de números del triángulo aritmético (ver p. 117). Este último requerimiento se debe a que dicha regla es la característica principal del triángulo aritmético. Ahora bien, el primer número impar se puede obtener como la suma de 1 y 2. Por lo tanto, vamos a cambiar la regla 3 de generación de números en el triángulo aritmético:

Regla 3bis: Todas las celdas del primer rango perpendicular son iguales a la semilla, y todas las celdas del primer rango perpendicular son iguales a dos veces la semilla.

Generen el triángulo aritmético correspondiente; el cuadro 5.2 muestra lo que se obtiene. Puede verse que las celdas del primer rango perpendicular son iguales a la semilla, que a su vez es igual a 1, y que las celdas del primer rango paralelo son iguales a 2 (es decir, la semilla más 1). Las celdas del segundo rango paralelo contienen los números impares, y las celdas del tercer rango paralelo contienen los números cuadrados.

Ahora bien, la pregunta que tenemos que hacernos es la siguiente:

1	2	2	2	2	2	2	2	2	2
1	3	5	7	9	11	13	15	17	
1	4	9	16	25	36	49	64		
1	5	14	30	55	91	140			
1	6	20	50	105	196				
1	7	27	77	182					
1	8	35	112						
1	9	44							
1	10								
1									

Cuadro 5.2: Triángulo aritmético generado con las reglas 1, 2 y 3bis

¿Son aún válidos los teoremas 5.2.1 y 5.2.2 que fueron establecidos bajo las reglas 1, 2 y 3?

Para responder hay que repasar los argumentos desarrollados en las secciones 5.2.1 y 5.2.2, respectivamente. En ellas se insistió en que los argumentos no dependían del valor de la semilla, puesto que, por la regla 3 (ver sección 5.2.7), las celdas del primer rango paralelo y del primer rango perpendicular son iguales a la semilla. Los teoremas 5.2.1 y 5.2.2 no dependen del valor de estas celdas. Por lo tanto, podemos aplicar directamente el teorema 5.2.2 y obtener así:

Teorema 5.2.6 *En un triángulo aritmético cuya semilla es igual a 1, las celdas del primer rango perpendicular son iguales a la semilla, y las celdas del primer rango paralelo son iguales a 2, cada número cuadrado es igual a la suma de los números impares que están comprendidos entre el rango paralelo que le precede y el primer número impar.*

Así, por ejemplo,

$$25 = 11 + 9 + 7 + 5 + 3 + 1.$$

Como en los casos anteriores, hemos encontrado una demostración alternativa del teorema 2.6.2, enunciado en la p. 68.

Finalicemos esta sección diciendo que el cambio de la regla 3 por la 3bis produce una diferencia: *las celdas recíprocas no tienen el mismo valor.* Para esto no hace falta hacer una demostración: basta mirar el cuadro 5.2.

5.3. El triángulo aritmético y los números combinatoriales

Como ya hemos visto, Pascal comienza su tratado construyendo el triángulo aritmético. Una vez construido, pasa a definir *celda*, *rango paralelo*, *rango perpendicular*, *base*, etc. Cuando todos estos elementos han sido descritos, propone una fórmula general para asignar un número a cada celda; dicha regla se puede escribir como

$$f_k^l = f_k^{l-1} + f_{k-1}^l \tag{5.1}$$

donde f_k^l corresponde al número de la l-ésima columna y a la $(k+1)$-ésima fila del triángulo aritmético. Pascal permite que el número de la esquina superior izquierda del triángulo, es decir f_0^1, sea *arbitrario*. Esta cantidad corresponde al *generador*. El siguiente diagrama ilustra el triángulo aritmético usando esta notación, que llamaremos *coordenadas pascalianas*:

$$
\begin{array}{c|cccccccc}
 & \multicolumn{8}{c}{l} \\
\hline
 & f_0^1 & f_0^2 & f_0^3 & f_0^4 & f_0^5 & f_0^6 & f_0^7 & \cdots \\
 & f_1^1 & f_1^2 & f_1^3 & f_1^4 & f_1^5 & f_1^6 & f_1^7 & \\
 & f_2^1 & f_2^2 & f_2^3 & f_2^4 & f_2^5 & f_2^6 & & \ddots \\
 & f_3^1 & f_3^2 & f_3^3 & f_3^4 & f_3^5 & & \ddots & \\
k & f_4^1 & f_4^2 & f_4^3 & f_4^4 & & \ddots & & \\
 & f_5^1 & f_5^2 & f_5^3 & & \ddots & & & \\
 & f_6^1 & f_6^2 & & \ddots & & & & \\
 & \vdots & & \ddots & & & & &
\end{array}
$$

Esta notación, que puede parecer "coja", está motivada por los números figurados:

1. Cuando la semilla f_0^1 es igual a 1, entonces en la primera fila aparecen las unidades, que podrían ser consideradas como de dimensión cero ($l = 0$).

2. En la segunda fila ($k = 2$) aparecen los números naturales, que podrían considerarse como la unidad, que tiene dimensión 1 ($l = 1$).

3. En la tercera fila aparecen ($k = 3$) los números triangulares, que son objetos de dos dimensiones ($l = 2$).

4. En la cuarta fila aparecen ($k = 4$) los números tetraédricos, que son objetos de tres dimensiones ($l = 3$).

5. En la quinta fila aparecen ($k = 5$) los números 4-dimensionales ($l = 4$).

6. Y así *ad infinitum*.

En la mayoría de los textos de cálculo de probabilidades, las celdas del triángulo aritmético son consideradas como *números combinatoriales* de la forma

$$\binom{n}{r}.$$

La relación que hay entre estos números y las coordenadas pascalianas está dada por la siguiente equivalencia:

$$\binom{n}{r} \quad \text{corresponde a} \quad f_r^{n-r+1} \quad \text{si } l \equiv n-r+1 \text{ y } k \equiv r.$$

El siguiente diagrama ilustra la posición de los números combinatoriales en el triángulo aritmético:

$$
\begin{array}{c|cccccccc}
 & & & & l & & & & \\
\hline
 & \binom{0}{0} & \binom{1}{0} & \binom{2}{0} & \binom{3}{0} & \binom{4}{0} & \binom{5}{0} & \binom{6}{0} & \cdots \\
 & \binom{1}{1} & \binom{2}{1} & \binom{3}{1} & \binom{4}{1} & \binom{5}{1} & \binom{6}{1} & & \\
 & \binom{2}{2} & \binom{3}{2} & \binom{4}{2} & \binom{5}{2} & \binom{6}{2} & & & \ddots \\
 & \binom{3}{3} & \binom{4}{3} & \binom{5}{3} & \binom{6}{3} & & & \ddots & \\
k & \binom{4}{4} & \binom{5}{4} & \binom{6}{4} & & & \ddots & & \\
 & \binom{5}{5} & \binom{6}{5} & & & \ddots & & & \\
 & \binom{6}{6} & & & \ddots & & & & \\
 & \vdots & & \ddots & & & & &
\end{array}
$$

Se puede apreciar que los números combinatoriales corresponden a otro sistema de coordenadas: el número

$$\binom{n}{r}$$

indica que la celda correspondiente está en la $(n + 1)$-ésima base y en la posición $(k + 1)$-ésima contando desde los exponentes que enumeran los rangos paralelos.

5.3.1. Consecuencias del triángulo aritmético

En lo que sigue ofreceremos una traducción de las consecuencias del triángulo aritmético usando ambos sistemas de coordenadas. Esto significa que cada una de las consecuencias establecidas por Pascal será reescrita en términos de las coordenadas pascalianas y de los números combinatoriales.

Consecuencia 1:

$$f_k^1 = f_0^l = f_0^1 = 1, \quad l = 2, 3, 4, \ldots, \quad k = 1, 2, 3, \ldots \tag{5.2}$$

Pascal considera este resultado como una consecuencia, más que como parte de las definiciones básicas que permiten construir el triángulo aritmético. Para ello asume la existencia de filas y columnas de ceros fuera del triángulo, tal y como lo hemos discutido anteriormente (ver la p. 103).

Consecuencia 2:

$$f_k^l = \sum_{i=1}^{l} f_{k-1}^i. \tag{5.3}$$

Esta igualdad se obtiene aplicando la regla (5.1) sucesivas veces, que es precisamente la demostración ofrecida por Pascal (ver p. 121). Hoy por hoy, esta igualdad se demostraría por inducción sobre l: intenta hacerla y así aprecia la simplicidad del argumento ofrecido por Pascal.

Consecuencia 3:

$$f_k^l = \sum_{j=0}^{k} f_j^{l-1}. \tag{5.4}$$

Esta es la misma igualdad de la consecuencia 2, pero sumando columnas en lugar de filas.

Consecuencia 4:

$$f_k^l = \sum_{i=1}^{l-1} \sum_{j=0}^{k-1} f_j^i + 1. \tag{5.5}$$

En palabras, la suma de todos los números comprendidos entre las filas y las columnas de un número, más uno, es igual a ese número. Pascal prueba esta consecuencia utilizando las consecuencias 2 y 3.

Consecuencia 5:

$$f_k^l = f_{l-1}^{k+1} \quad \text{o} \quad \binom{n}{k} = \binom{n}{n-r}. \tag{5.6}$$

Esto no es otra cosa que la simetría en torno a la diagonal principal que se satisface en el triángulo aritmético. Pascal nota que los números en la *base* de cada triángulo (esto es $\binom{n}{r}$ o f_r^{n-r+1} con $r = 0, 1, 2, \ldots, n$, para n fijo) son simétricamente derivados a partir de los números de la base del triángulo precedente $(n-1)$-ésimo, y así sucesivamente hasta llegar a $f_0^2 = f_1^1$, lo cual es verdadero en virtud de la consecuencia 1.

Consecuencia 6: esta consecuencia simplemente establece que los correspondientes números de una fila y sus simétricos de una columna son los mismos, por lo que es un corolario de la consecuencia 5.

Consecuencia 7:

$$\sum_{r=0}^{n} \binom{n}{r} = 2 \sum_{r=0}^{n-1} \binom{n-1}{r}. \tag{5.7}$$

Cada número de la $(n-1)$-ésima base precedente es representado dos veces en la n-ésima base en virtud de la regla (5.1) que permite construir el triángulo aritmético. Esta consecuencia puede demostrarse por inducción sobre n, pero el argumento basado en la construcción del triángulo aritmético es más simple e intuitivo.

Consecuencia 8:

$$\sum_{r=0}^{n} \binom{n}{r} = 2^n. \tag{5.8}$$

Esta es un corolario inmediato de la consecuencia 7.

Consecuencia 9:
La suma de los números de una base es igual a la suma de la suma de los números de la base inferior, más 1; en otras palabras, usando la consecuencia 8

$$2^n = 2^{n-1} + 2^{n-2} + \cdots + 2 + 1 + 1, \tag{5.9}$$

que no es otra cosa que la propiedad de la progresión doble alegada por Pascal.

Consecuencia 10:

$$\sum_{r=0}^{s} \binom{n}{r} = \sum_{r=0}^{s} \binom{n-1}{r} + \sum_{r=0}^{s-1} \binom{n-1}{r}. \tag{5.10}$$

Esta es otra consecuencia directa de la regla (5.1) que rige la construcción del triángulo aritmético. Nuevamente, la demostración original debida a Pascal es simple e intuitiva comparada con una demostración por inducción sobre s.

Consecuencia 11:

$$f_k^{k+1} = 2f_k^k = 2f_{k-1}^{k+1} \qquad \text{o} \qquad \binom{2n}{n} = 2\binom{2n-1}{n-1} = 2\binom{2n-1}{n}. \tag{5.11}$$

Esta es una consecuencia inmediata de la simetría de las celdas con respecto a la diagonal ZW (ver figura 5.2).

Consecuencia 12: considere una base de índice n. Las celdas correspondientes son las siguientes:

$$\underbrace{1, n, \binom{n}{2}, \binom{n}{3}, \ldots, \binom{n}{r-1}}_{r \text{ coeficientes}}, \underbrace{\binom{n}{r}, \binom{n}{r+1}, \ldots, \binom{n}{n-3}, \binom{n}{n-2}, n, 1}_{(n-r+1) \text{ coeficientes}}.$$

Entonces, para todo r entre 1 y n, la siguiente proporción es válida:

$$\binom{n}{r} : \binom{n}{r-1} = (n-r+1) : r,$$

o equivalentemente

$$\binom{n}{r} = \frac{n-r+1}{r}\binom{n}{r-1}.$$

En la notación de los números figurados (o coordenadas pascalianas), esta proporción se escribe de la siguiente manera:

$$r\, f_r^{n-r+1} = (n-r+1)\, f_{r-1}^{n-r+2}$$

o haciendo $r = k$ y $n - r + 1 = l$, entonces

$$k\, f_k^l = l\, f_{k-1}^{l+1}. \tag{5.12}$$

Pascal demuestra esta consecuencia usando el principio de inducción matemática. Asume un primer lema que es "evidente en sí mismo", a saber:

> La proposición se satisface para la segunda base.

Esta evidencia está relacionada con las ideas que el propio Pascal nos transmite en su *Del Espíritu de la Geometría*, que hemos discutido en la sección 3.2: el método de la geometría parte de evidencias en sí, y el resto de las afirmaciones se prueba a partir de estas evidencias o de verdades ya demostradas. La evidencia de este primer lema está dada por la construcción misma del triángulo aritmético.

Luego asume un segundo lema que es fácilmente demostrable usando la regla fundamental (5.1):

> Si la proporción se satisface en cualquier base, necesariamente se satisfará en la base siguiente.

Cuando se lee con atención la demostración de Pascal se verá que su comprensión del principio de inducción es muy similar a la interpretación que hemos discutido de dicho principio en la parte I de este libro, a saber, que se trata de probar la veracidad de una proposición aritmética para un número natural dado llegando a esta proposición paso a paso, de igual forma que lo hacemos al contar. Es de esta manera que Pascal demuestra la consecuencia 12.

Consecuencia 13:

$$f_k^l = \frac{l+k-1}{k} f_{k-1}^l. \tag{5.13}$$

La explicación de esta consecuencia, usando la notación de coeficientes binomiales, se puede hacer como la de la consecuencia anterior, lo que se deja como ejercicio.

Consecuencia 14:

$$f_k^l = \frac{l+k-1}{l-1} f_k^{l-1}. \tag{5.14}$$

Esta consecuencia es la simétrica de la anterior, como se puede verificar al utilizar la consecuencia 5.

Consecuencia 15:

$$\sum_{i=1}^{l} f_k^i = \frac{l+k}{k+1} f_k^l. \tag{5.15}$$

Esto, como el mismo Pascal observa, es un corolario directo de las consecuencia 2 y 13.

Consecuencia 16:

$$\sum_{i=1}^{l} f_k^i = \frac{k+2}{l-1} \sum_{i=1}^{l-1} f_{k+1}^i. \tag{5.16}$$

Esto se deduce de manera inmediata de las consecuencias 2 y 12, como el mismo Pascal lo hace notar.

Consecuencia 17:

$$\sum_{j=0}^{k} f_j^l = \frac{k+1}{l} \sum_{i=1}^{l} f_k^i. \tag{5.17}$$

Nuevamente, como el mismo Pascal arguye, y fácilmente puede ser reproducido, esta consecuencia se sigue de las consecuencias 2, 3 y 12.

Consecuencia 18:

$$\sum_{i=1}^{l} f_k^i = \frac{l}{k+1} \sum_{i=1}^{k+1} f_{k-1}^k. \tag{5.18}$$

Este resultado se obtiene al combinar las consecuencias 6 y 17.

Consecuencia 19:

$$f_k^{k+1} = 4\frac{2k-1}{2k} f_{k-1}^k. \tag{5.19}$$

Esta se sigue de las consecuencias 11 y 14.

Esta forma alternativa de exponer el triángulo aritmético de Pascal puede ser discutida con estudiantes de Secundaria o que cursen el primer año de universidad. Es importante mencionar que dichas consecuencias constituyen ejercicios estándares del principio de inducción, pero que son típicamente presentadas sin el contexto del triángulo aritmético. Es precisamente este contexto el que otorga la riqueza de las consecuencias miradas en su conjunto. Esa riqueza es lo que hemos llamado *pensamiento recursivo*.

Para finalizar este capítulo, consideremos el problema con el que termina el *Triangulus Arithmeticus* (ver p. 112):

Problema: dados l y $k+l$ números naturales, encontrar f_k^l.

La solución es la siguiente: por la consecuencia 12 se tiene que

$$k\, f_k^l = l\, f_{k-1}^{l+1}.$$

Luego,

$$f_{k-1}^{l+1} = \frac{k}{l}\, f_k^l$$

y, por lo tanto,

$$f_k^l = \frac{k+1}{l-1} f_{k+1}^{l-1},$$

lo cual, aplicado recursivamente, da como resultado

$$f_k^l = \frac{(k+1)(k+1)(k+1)\dots(k+l-1)}{(l-1)(l-2)(l-3)\cdots 1}.$$

Si este mismo argumento se aplica con la notación de números combinatoriales, se encontrará que

$$\binom{n}{k} = \frac{n!}{(n-k)!\,k!}$$

donde $k! = 1 \cdot 2 \cdot \ \dots \ \cdot k$ y $0! = 1$. En muchos textos de álgebra y cálculo de probabilidades, la igualdad anterior se presenta como la definición del número combinatorial $\binom{n}{k}$. Sin embargo, en el contexto del triángulo aritmético, aprendemos que se trata de una consecuencia demostrada *recursivamente*.

PARTE IV

Reflexiones finales

CAPÍTULO 6. MODO RECURSIVO DE PENSAR

El Cristo, muriendo en la Cruz
para salvar al mundo,
no es lo mismo que el mundo
crucificando al Cristo para salvarse.
Aunque el resultado fuera el mismo
... no es lo mismo.

ANTONIO MACHADO, *Canciones y aforismos del caminante*, N° 234.

6.1. Manifestaciones de la recursividad

En los capítulos anteriores hemos buscado introducirte en lo que el matemático noruego Thoralf Skolem llamó modo *recursivo de pensar*. Más que una serie de tópicos que van desde la secuencia de los números naturales, pasando por los pares e impares, los figurados, el triángulo de Pascal y sus propiedades, lo que hemos hecho es recorrer manifestaciones o realizaciones de un modo de pensar específico: el pensamiento recursivo. Estas manifestaciones comienzan con la actividad normada que llamamos *contar*; luego las extendimos a las operaciones aritméticas de suma y multiplicación.

Pero las raíces del modo recursivo de pensar las pudimos palpar en la aritmética pitagórica: empezamos por los números pares e impares para luego entrar al fascinante mundo de los números figurados: triangulares, cuadrados, rectangulares, pentagonales, hexagonales, p-gonales. Comenzamos a identificar relaciones entre estos tipos de números: descomponer un cuadrado en suma de triangulares o probar que un cuadrado corresponde a una suma de impares consecutivos, etc.

Ese mundo fascinante lo completamos con una lectura atenta del *Triangulus Arithmeticus* de Pascal: es un triángulo aritmético construido enteramente de forma recursiva y se desprenden de él propiedades demostradas a su vez recursivamente. Es importante destacar que este texto de Pascal, escrito en 1654, enuncia por primera vez el principio de inducción: la duodécima consecuencia lo presenta en dos lemas.

6.2. El principio de inducción y el infinito potencial

Modo recursivo de pensar: con esta expresión, Skolem hacía referencia al uso del principio de inducción en las demostraciones de las propiedades que satisface la aritmética elemental. Todas las manifestaciones del modo recursivo de pensar que hemos estudiado nos permiten entender el principio de inducción: es un modo de realizar demostraciones *paso a paso* desde un primer número natural hasta uno que elegimos arbitrariamente.

Muchas veces se ha propuesto una metáfora para visualizar el principio de inducción: una secuencia *infinita* de piezas de dominó puestas una al lado de la otra. Las demostraciones que utilizan el principio de inducción son *válidas* pues basta dejar caer la primera pieza de dominó para que caigan todas las restantes. El problema que tiene esta metáfora se basa en la concepción subyacente de *infinito*: parece interpretarse frecuentemente como un infinito *actual*, lo que significa tener todas las proposiciones aritméticas que dependen de un número natural de una sola vez, en un todo realizado. Pero si revisamos lo que hemos aprendido, constataremos que en realidad el principio de inducción es válido porque se sustenta en la actividad de *contar*. Si queremos demostrar por inducción que una proposición aritmética se satisface por ejemplo para el natural 27, entonces pondremos 27 piezas de dominó: dejaremos caer la primera y veremos caer la que está en la posición 27 de la misma manera que llegamos a dicha posición *contando*. Se trata de un infinito *potencial* tal y como lo introdujo Aristóteles, como lo usaron los neopitagóricos, como lo usó Pascal... y más recientemente Skolem y Brouwer.

6.3. Formas de concebir la Matemática

Esta iniciación al pensamiento recursivo la hemos hecho desde una *forma de concebir la Matemática*. No hay una sola forma de concebirla, pero sí hay ciertas formas que se hicieron hegemónicas, sin dar lugar a otras formas de expresión. Puede resultar extraño, pero en Matemática, como en otras disciplinas, hay escuelas, hay perspectivas diferentes, hay filosofías subyacentes que difieren. En este libro hemos optado por una escuela, la intuicionista, desarrollada por Brouwer, Lorenzen, Weyl, Skolem. Al optar por ella optamos por identificar un concepto básico a partir del cual se pueden construir los restantes conceptos. Ese concepto es *contar.* Y el modo de pensar asociado a dicho concepto es el *modo recursivo.* Este modo de pensar nos permitió *organizar los contenidos* de forma tal que pudimos establecer explícitamente las relaciones con la ética. Tenemos que admitir que escoger una escuela de pensamiento específica implica conocer al menos dos escuelas. Y conocerlas no solo en los resultados matemáticos que logran, sino también en los supuestos filosóficos que imprimen un modo de pensar y, en consecuencia, un modo de concebir y de actuar. Creemos que ese modo resulta valioso transmitirlo a estudiantes de Matemáticas, ya sean niños y niñas de Enseñanza Básica, adolescentes de Secundaria o jóvenes universitarios. Ciertamente se podrá decir que los *resultados* matemáticos que se aprenden son *independientes* de la escuela de pensamiento que subyace al modo de concebir la Matemática. Sin embargo, el *modo de demostrarlos, el modo de establecerlos*, ese modo *resulta diferente.* Baste pensar en la interpretación que damos cuando intentamos explicarnos y explicarles a nuestros alumnos el *sentido* del principio de inducción. Por ello hemos querido, en estas palabras finales, enfatizar el *modo de pensar* que hemos ido adquiriendo a través de diferentes manifestaciones de dicho modo. Los resultados pueden ser los mismos... pero, parafraseando a Antonio Machado, *no es lo mismo* obtenerlos de un modo u otro.

Enseñar Matemática es enseñar un modo de pensar... ¡un modo!

PARTE V

Apéndice: Construcción rigurosa de la aritmética

APÉNDICE A. EL PRINCIPIO DE INDUCCIÓN DESDE LA PERSPECTIVA DIALOGAL

Comencemos recordando el enunciado del principio de inducción, introducido en el capítulo 1:

> Principio de inducción:
>
> (1) Si la afirmación $A(|)$ es verdadera.
>
> (2) Y si la siguiente implicación es verdadera: si para un número natural cualquiera m, si $A(m)$ es verdadero, entonces $A(m\,|)$ es también verdadero.
>
> (3) Conclusión: $A(n)$ es verdadero para todo número natural n.

¿Con qué derecho podemos afirmar que $A(n)$ se tiene para todo n? Pensemos en esto. ¿Qué significa cuando decimos: para todo n, $A(n)$? ¿Qué queremos decir con: para todo n? Expresemos estas preguntas entablando un diálogo:

- Mi respetado oponente me dice: afirmas que para todo n, $A(n)$. ¡Pruébalo para *este* n!
- Yo le digo: correcto, si admites que $A(|)$ es verdadero, y que si $A(m)$ entonces $A(m\,|)$ (para todo m), puedo demostrar que tú puedes aseverar $A(n)$. Vivimos en un país libre, bajo el imperio de la ley, y

> cualquier persona puede negar cualquier norma. Pero si una persona admite reglas y admite $A(|)$, y si admite que si $A(|)$ implica $A(||)$, entonces debe admitir $A(||)$.

Digamos entonces que mi oponente ha aceptado $A(||)$ y que ha aceptado también que $A(||)$ implica $A(|||)$. Entonces acepta $A(|||)$. Con un paso más aceptará $A(||||)$, y este mismo procedimiento le permitirá aceptar $A(n)$ para *cualquier* n, pues sabemos cómo se construye dicho número natural n.

Así, el principio de inducción significa simplemente una secuencia de argumentos que se inicia en $A(|)$ y termina en $A(n)$ para cualquier n.

APÉNDICE B. DEMOSTRACIÓN DE LA ASOCIATIVIDAD

De acuerdo con la discusión desarrollada en la sección 2.2.4, la suma se define recursivamente como

$$a + (b + 1) = (a + b) + 1 \tag{B.1}$$

cualesquiera sean los números naturales m y n. Ahora bien, usando esta definición recursiva de suma queremos demostrar la ley de asociatividad, a saber,

$$a + (b + c) = (a + b) + c \tag{B.2}$$

para cualquier trío de números naturales a, b, c. La demostración de la ley de asociatividad se basa en el principio de inducción. Para ello, la ley de asociatividad (B.2) la consideramos como una proposición aritmética que depende del número natural c:

$$A(c) : \quad a + (b + c) = (a + b) + c \tag{B.3}$$

para cualquier par de números naturales a y b.

La validez de $A(1)$ se sigue inmediatamente de la definición recursiva de suma (B.1). Ahora, de acuerdo con el esquema que subyace al principio de inducción, suponemos que $A(c)$ es válido y queremos probar que $A(c + 1)$ es válido, es decir, queremos buscar argumentos que nos permitan pasar de $A(c)$ a $A(c + 1)$. Para ello, notemos en primer lugar que por la definición (B.1) se tiene que

$$b + (c + 1) = (b + c) + 1.$$

Por lo tanto, si sustituimos esta última igualdad en $A(c+1)$ obtenemos

$$a+[b+(c+1)] = a+[(b+c)+1]. \tag{B.4}$$

Aplicando la misma definición recursiva de suma (B.1) al elemento que está al lado izquierdo de la igualdad (B.4), se obtiene que

$$a+[(b+c)+1] = [a+(b+c)]+1. \tag{B.5}$$

Pero por otro lado sabemos que $A(c)$ es válido, es decir, $a+(b+c) = (a+b)+c$. Usando esta última igualdad en (B.5) obtenemos

$$[a+(b+c)]+1 = [(a+b)+c]+1. \tag{B.6}$$

Aplicando nuevamente la definición recursiva de suma (B.1) al elemento que está a la izquierda de la igualdad (B.6), se obtiene que

$$[(a+b)+c]+1 = (a+b)+(c+1). \tag{B.7}$$

Por lo tanto, combinando todas las igualdades anteriores, se verifica que

$$a+[b+(c+1)] = (a+b)+(c+1),$$

que corresponde a $A(c+1)$. Por ello, la ley de asociatividad es válida por el principio de inducción.

APÉNDICE C. DEMOSTRACIÓN DE LA CONMUTATIVIDAD

Comencemos demostrando que

$$a + 1 = 1 + a \tag{C.1}$$

para cualquier número natural a. Es decir, nuestra proposición aritmética está dada por

$$A(a) : \quad a + 1 = 1 + a. \tag{C.2}$$

Para probar $A(a)$ para todo a, comenzamos probando que $A(1)$ es válido. En efecto, $A(1)$ es válido pues $1 + 1 = 1 + 1$.

Probemos ahora que si $A(a)$ es válido, entonces también lo es $A(a + 1)$. En efecto, dado que $A(a)$ es válido, se tiene que

$$(a + 1) + 1 = (1 + a) + 1. \tag{C.3}$$

Por la definición recursiva de suma (B.1) se tiene que

$$(1 + a) + 1 = 1 + (a + 1). \tag{C.4}$$

Por tanto, de las igualdades (C.3) y (C.4) se sigue que

$$(a + 1) + 1 = 1 + (a + 1).$$

Probemos ahora que, cualesquiera sean los números naturales a y b,

$$a + b = b + a.$$

Es decir, consideremos la proposición

$$B(b) : \qquad a + b = b + a$$

para cualquier número natural a. Notemos en primer lugar que $B(1)$ es válido, pues (C.1) es válido.

Ahora bien, supongamos que $B(b)$ es válido. Establezcamos la validez de $B(b+1)$. En efecto, por la definición recursiva de suma (B.1), se tiene que

$$a + (b + 1) = (a + b) + 1. \tag{C.5}$$

Pero $B(b)$ es válido, por lo que se tiene

$$(a + b) + 1 = (b + a) + 1. \tag{C.6}$$

Aplicando nuevamente la definición recursiva de suma, se obtiene que

$$(b + a) + 1 = b + (a + 1). \tag{C.7}$$

Pero (C.1) es válida: usándola, se tiene que

$$b + (a + 1) = b + (1 + a). \tag{C.8}$$

Aplicando la ley de asociatividad, se obtiene que

$$b + (1 + a) = (b + 1) + a. \tag{C.9}$$

Por lo tanto, de (C.5) y (C.9) se tiene que

$$a + (b + 1) = (b + 1) + 1.$$

Terminemos mencionando que la ley de conmutatividad depende de la ley de asociatividad.

APÉNDICE D. DEMOSTRACIÓN DE LA LEY DISTRIBUTIVA

Recordemos la definición recursiva de multiplicación: para cualquier par de números naturales a y b,

$$\text{(i) } a \cdot 1 = a, \qquad \text{(ii) } a \cdot (b+1) = a \cdot b + a. \tag{D.1}$$

Ahora bien, queremos demostrar la ley distributiva

$$a \cdot (b + c) = a\dot{b} + a \cdot c.$$

Definimos la proposición aritmética $A(c)$ como

$$A(c) \; : \; a \cdot (b + c) = a\dot{b} + a \cdot c \tag{D.2}$$

para cualquier par de números naturales a y b.

En primer lugar, establecemos la validez de $A(1)$, es decir, $a \cdot (b + 1) = a \cdot b + 1$. Esto es válido por la definición recursiva de multiplicación (D.1). Ahora supongamos que $A(c)$ es válido y probemos la validez de $A(c + 1)$. Escribimos esta vez la cadena de argumentos de forma compacta como sigue:

$$\begin{aligned}
a \cdot [b + (c+1)] &= a \cdot [(b+c)+1] \quad \text{[por definición (B.1)]} \\
a \cdot [(b+c)+1] &= a \cdot (b+c) + a \quad \text{[por definición (D.1)]} \\
a \cdot (b+c) + a &= (a \cdot b + a \cdot c) + a \quad \text{[pues } A(c) \text{ es válido]} \\
(a \cdot b + a \cdot c) + a &= a \cdot b + (a \cdot c + a) \quad \text{[por la asociatividad]} \\
a \cdot b + (a \cdot c + a) &= a \cdot b + [a \cdot (c+1)] \quad \text{[por definición (D.1)]}
\end{aligned}$$

De esta cadena de argumentos se sigue que

$$a \cdot [b + (c + 1)] = a \cdot b + a \cdot (c + 1),$$

es decir, $A(c + 1)$.

Se dejan como ejercicios probar la asociatividad y la conmutatividad de la multiplicación.

Fuentes consultadas

Apéry, R. (1982). Mathématique constructive. In J. Dieudonné, J.-P. Descles, R. Apéry & M. Caveing. (Eds.), *Penser les mathématiques.* Paris: Éditions du Seuil.

Brouwer, L. E. J. (1913). Intuitionism and formalism. *Bulletin of the American Mathematical Society, 20*, 81-96.

Edwards, A. W. F. (2002). *Pascal's arithmetical triangle.* Baltimore and London: The Johns Hopkins University Press.

Fuchs, W. (1967). *Mathematics for the modern mind.* New York: The Macmillan Company.

Fuchs, W. (1968). *El libro de la matemática moderna.* Barcelona: Ediciones Omega S.A.

Guillaumin, J.-Y. (2002). *Boèce. Institution arithmétique.* Paris: Les Belles Lettres.

Heyting, A. (1975). *L. E. J. Brouwer collected works 1. Philosophy and foundations of mathematics.* Amsterdam: North Holland.

Kamlah, W. & Lorenzen, P. (1984). *Logical propaedeutic: pre-school of reasonable discourse.* Lanhman: University of Press America.

Landau, E. (2000). *Foundations of analysis.* AMS Chelsea Publishing. Providence, Rhode Island: American Mathematical Society.

Le Guern, M. (1998). *Pascal. Oeuvres complètes I.* Gallimard, Paris: Bibliothèque de la Pléiade.

Le Guern, M. (2000). *Pascal. Oeuvres complètes II.* Gallimard, Paris: Bibliothèque de la Pléiade.

Lorenzen, P. (1969). *Normative logic and ethics.* Mannheim and Zürich: Hochschultaschenbücher Bibliographisches Institut.

Lorenzen, P. (1971). *Differential and integral. A constructive introduction to classical analysis.* Austin and London: University of Texas Press.

Lorenzen, P. (1987). *Constructive philosophy.* Amherst: University of Massachusetts Press.

Masi, M. (2006). *Boethian number theory: a translation of the De Institutione Arithmetica.* Amsterdam and New York: Rodopi.

Poincaré, H. (1968). *La science et l'hypothèse.* Paris: Flammarion.

Skolem, T. (1923). The foundations of elementary arithmetic established by means of the recursive mode of thought, without the use of apparent variables ranging over infinite domains. In J. Van Heijenoort (Ed.) (1967), *From Frege to Gödel. A source book in mathematical logic, 1879-1931.* Cambridge, Massachusetts: Harvard University Press.

Thomas, I. (2002). *Greek mathematical works. Thales to Euclid.* Harvard: Harvard University Press.

Waismann, F. (2003). *Introduction to mathematical thinking. The formation of concepts in modern mathematics.* New York, Mineola: Dover Publications Inc.

Weyl, H. (1987). *The continuum. A critical examination of the foundation of analysis.* New York: Dover Publications Inc.

τῇ τρίαδᾳ

www.ingramcontent.com/pod-product-compliance
Ingram Content Group UK Ltd.
Pitfield, Milton Keynes, MK11 3LW, UK
UKHW060102300726
14090UKWH00003B/358

* 9 7 8 9 5 6 1 4 2 3 3 3 6 *